职业教育理实一体化教材

机电设备运行维护

车武贤 代 强 主 编

中国纺织出版社有限公司

内 容 提 要

本书主要讲解机电设备运行维护的相关知识，全书共分4个项目。项目1家庭照明电路的检修，以家庭照明电路项目为载体，完成家庭照明电路故障的排除。项目2自动往返机构故障检修，以自动往返机构为载体，讲解电机控制电路维护的思路和方法，电机控制电路典型故障的分析及排除方法。项目3典型机床电气故障检修，以常用的CA6140车床以及X62W铣床为例，讲解机床故障的排除。项目4 PLC控制系统电路维修，项目的最终目标是：完成PLC物料提升机构电气图纸的识读，根据电气图纸完成PLC物料提升机构故障的排除，使之正常运行。

图书在版编目（CIP）数据

机电设备运行维护 / 车武贤，代强主编 . -- 北京：中国纺织出版社有限公司，2022.11
职业教育理实一体化教材
ISBN 978-7-5229-0108-4

Ⅰ. ①机… Ⅱ. ①车… ②代… Ⅲ. ①机电设备－运行－职业教育－教材②机电设备－维修－职业教育－教材 Ⅳ. ①TM07

中国版本图书馆CIP数据核字（2022）第224034号

责任编辑：张 宏　责任校对：高 涵　责任印制：储志伟

中国纺织出版社有限公司出版发行
地址：北京市朝阳区百子湾东里A407号楼　邮政编码：100124
销售电话：010—67004422　传真：010—87155801
http://www.c-textilep.com
中国纺织出版社天猫旗舰店
官方微博http://weibo.com/2119887771
三河市宏盛印务有限公司印刷　各地新华书店经销
2022年11月第1版第1次印刷
开本：787×1092　1/16　印张：10
字数：207千字　定价：98.00元

凡购本书，如有缺页、倒页、脱页，由本社图书营销中心调换

前 言
Foreword

本书针对中等职业学校学生的特点，以学生为主体，以职业能力培养为核心，以工作过程为导向，根据职业岗位技能需求，结合最新的中职学校职业教育课程改革经验，以生产实践中典型的工作任务为项目，采用项目任务和理实一体化的模式来编排。

本书主要讲解机电设备运行维护的相关知识，全书共分为4个项目：

项目1　家庭照明电路的检修。本项目以家庭照明电路项目为载体，讲解家庭照明电路故障的排除。

项目2　自动往返机构故障检修。本项目以自动往返机构为载体，讲解电机控制电路维护的思路和方法，电机控制电路典型故障的分析及排除方法。

项目3　典型机床电气故障检修。本项目以常用的CA6140车床以及X62W铣床为例讲解机床故障的排除。

项目4　PLC控制系统电路维修。本项目的最终目标是完成PLC物料提升机构电气图纸的识读，根据电气图纸完成PLC物料提升机构故障的排除，使之正常运行。

每个项目由浅入深、循序渐进、理实结合，注重学生的知识结构、思维能力、编程技能等综合素质的培养。

编者
2022年5月

目 录
Contents

项目1 家庭照明电路的检修 ··· 1

    任务1   维修安全常识 ··· 2

        一、维修电工的工作任务 ·· 2

        二、维修电工人身安全知识 ··· 3

        三、触电的急救知识和方法 ··· 3

        实训1   胸外心脏挤压法和人工呼吸法的急救 ··· 10

        任务完成报告 ··· 11

    任务2   常用电工工具的使用与导线的连接 ··· 12

        一、常用电工工具的使用 ·· 13

        实训2   常用电工工具使用 ·· 16

        二、电工测量工具 ··· 16

        实训3   电工测量工具使用 ·· 23

        三、常用电工材料 ··· 23

        四、导线连接与绝缘恢复 ·· 26

        实训4   导线连接与绝缘恢复 ··· 31

        任务完成报告 ··· 33

    任务3   电子元器件检修 ·· 34

        一、电阻器 ·· 35

二、电容器 ··· 40

　　三、电感器 ··· 45

　　四、二极管 ··· 46

　　实训 5　电子元器件检修 ·· 47

　　任务完成报告 ·· 48

　任务 4　照明电路线路维修 ··· 49

　　一、家庭用电设备组成 ·· 50

　　二、家庭照明电路电气原理图认识 ·· 60

　　实训 6　家庭照明电路接线 ·· 64

　　三、照明电路典型故障分析 ·· 64

　　实训 7　短路故障检修 ··· 67

　　四、零线断线造成的故障 ·· 67

　　五、照明线路断路故障 ·· 68

　　实训 8　断路故障检修 ··· 69

　　六、照明电路漏电故障 ·· 69

　　七、照明电路设备故障 ·· 69

　　任务完成报告 ·· 74

项目 2　自动往返机构故障检修 ·· 75

　任务 1　电机正反转故障检修 ··· 76

　　一、设备维护 ··· 77

　　二、设备维修 ··· 82

　　三、维护维修工作前提 ·· 85

　　四、电机正反转控制电路分析 ··· 88

　　五、电机正反转故障分析 ·· 90

　　实训 1　电机缺相故障排除 ·· 95

　　实训 2　电机反转无法启动故障排除 ··· 95

　　实训 3　电机正反转都无法启动故障排除 ·· 96

任务完成报告 97
　任务2　自动往返机构电气故障检修 97
　　一、冷却泵电动机控制故障检修 98
　　实训4　冷却泵无法启动故障排除 100
　　二、自动往返机构电气故障排除 100
　　实训5　自动往返机构故障排除 103
　　任务完成报告 104

项目3　典型机床电气故障检修 105
　任务1　CA6140车床故障检修 105
　　一、CA6140车床的主要结构和运动形式 106
　　二、CA6140车床维护维修 108
　　三、CA6140车床控制电路分析 112
　　四、CA6140车床典型故障分析及排除 113
　　五、车床设备管理 116
　　实训1　电动葫芦故障检修 118
　　任务完成报告 120
　任务2　X62W万能铣床故障检修 120
　　一、X62W万能铣床的主要结构和运动形式 121
　　二、X62W万能铣床控制电路分析 123
　　三、X62W万能铣床典型故障分析 127
　　实训2　T68型卧式镗床故障检修 130
　　任务完成报告 132

项目4　PLC控制系统电路维修 133
　任务1　PLC维护 134
　　一、PLC控制系统电路日常维护 134
　　二、PLC控制系统电路周期性维护 136
　　任务完成报告 139

任务2　PLC 典型故障排除 ……………………………………………………………… 140

一、输入输出电路故障 ……………………………………………………………………… 140

实训1　PLC 输入电路故障排除 …………………………………………………………… 143

实训2　PLC 输出电路故障排除 …………………………………………………………… 145

二、PLC 硬件故障 …………………………………………………………………………… 145

三、PLC 软件故障 …………………………………………………………………………… 146

实训3　PLC 与触摸屏通信的故障排除 …………………………………………………… 147

任务完成报告 ………………………………………………………………………………… 149

项目1　家庭照明电路的检修

家庭照明电路在使用时免不了会出现故障，导致用户不能用电，会给我们的生活带来许多不便，所以，掌握一些常见电路故障的判断、检修方法是非常必要的。

本项目以家庭照明电路项目为载体，完成家庭照明电路故障的排除。本项目要实现的具体任务描述如下：

①家庭照明电路原理图识读；

②检修工具规范使用；

③家庭照明电路故障排除。

根据项目目标最终，将本项目分为以下4个任务：

任务1　维修安全常识。通过讲解维修电工的工作任务、安全用电的方法、触电的急救方法，使学生具备安全用电的意识，掌握安全用电注意事项。

任务2　常用电工工具的使用与导线的连接。通过讲解电工工具的使用和导线连接的方法，使学生掌握基本电工工具的使用，熟悉导线连接的方式和方法，使学生具备电工应该具备的技能。

任务3　电子元器件检修。讲解电阻器、电容器、电感器、二极管的原理及检修方法，使学生了解其作用，并掌握测量及检修方法。

任务4　照明电路线路维修。通过讲解家庭用电设备、电气原理图、家庭照明电路典型故障，使学生熟悉常见家庭照明电路故障，掌握故障检修的方法。

任务1　维修安全常识

在工业生产中,安全永远是放在第一位的,工厂中到处可见"安全第一"的海报。本任务主要介绍维修电工的工作任务、安全用电、触电急救等内容。其中,重点内容为安全用电知识,难点内容为触电急救方法。

本任务的最终目标是:学生能够按照规范,完成触电急救的演练。

知识目标:

①了解维修电工的工作任务;

②掌握安全用电的知识及触电急救的方法。

能力目标:

①熟悉电工工作任务;

②能够掌握触电急救的方法;

③能够掌握安全用电的知识。

学习内容:

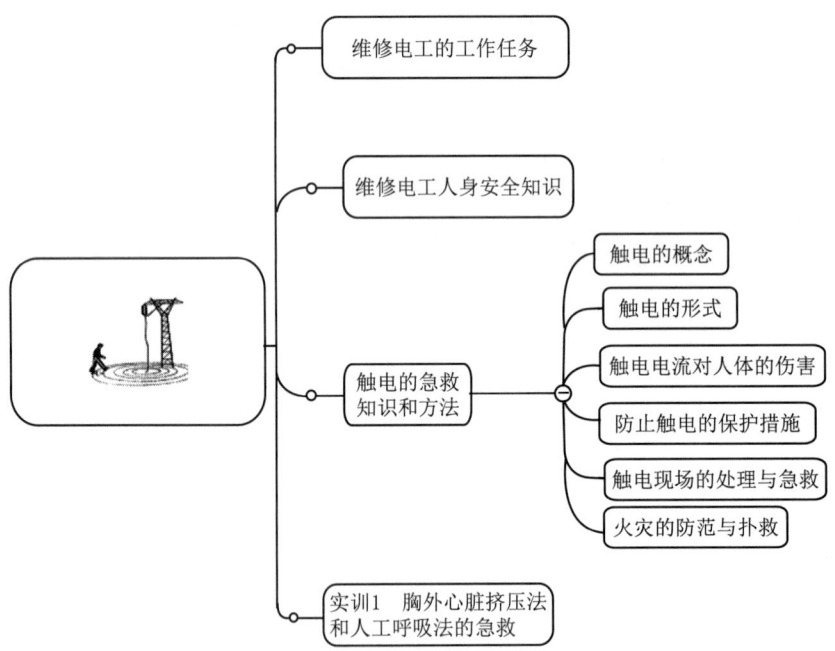

一、维修电工的工作任务

维修电工的工作任务主要有以下几方面:

①照明线路和照明装置的安装;

②动力线路和驱动部件的安装;

③生产机械的电气控制线路的安装；

④根据现代设备的要求，按照预防为主、修理为辅的原则降低故障发生率，进行改进性的维修；

⑤对各种电气线路、电气设备、电动机进行日常的保养、检查和维修；

⑥保证工厂中拖动各类生产机械运动的交、直流电动机及其电气控制系统和生产、生活照明系统的正常运行。

> **分组讨论：**
>
> 根据不同的工作任务，请说出相应的工作职务和场所。

二、维修电工人身安全知识

①在进行电气设备安装和维修操作时，必须严格遵守各种安全操作规程，不得玩忽职守。

②操作时，要严格遵守停送电操作规定，要切实做好防止突然送电的各项安全措施，如挂上"有人工作，禁止合闸！"标示牌，锁上闸刀或取下电源熔断器等。

③不准临时在带电部分附近操作时，要保证有可靠的安全间距。

④操作前，应仔细检查操作工具的绝缘性能，绝缘鞋、绝缘手套等安全用具的绝缘性能是否良好，有问题的应及时更换。

⑤登高工具必须安全可靠，未经登高训练的人员，不准进行登高作业。

⑥如发现有人触电，要立即采取正确的急救措施。

三、触电的急救知识和方法

安全用电是一项非常重要的工作，它直接影响企业任务订单的完成、经济效益的好坏，而且影响人的生命安全。在生产中每个人都要充分认识安全用电的重要性，自觉遵守安全用电操作规程，确保用电安全。为避免发生触电或电气火灾事故，我们要学习安全用电的知识。

1. 触电的概念

当人体触及带电体，或带电体与人体之间由于距离近电压高产生闪击放电，或电弧烧伤人体表面对人体所造成的伤害都叫触电。

2. 触电的形式

如图1-1-1所示，触电有3种形式。

（1）单相触电

人体的某一部位接触相线或绝缘性能不好的电气设备外壳时，电流从相线经人体流入大地的触电现象。

（2）两相触电

人体的不同部位分别接触同一电源的两根不同相位的相线，电流从一根相线经人体流入另一根相线的触电现象。

（3）跨步电压触电

电气设备外壳接地，或带电导线直接触地时，人体虽没有接触带电设备外壳或带电导线，但是由于双脚之间有电势差而造成的触电现象。

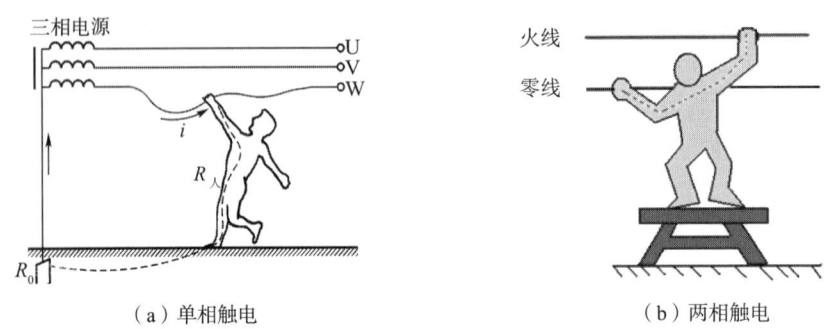

（a）单相触电　　　　　　　（b）两相触电

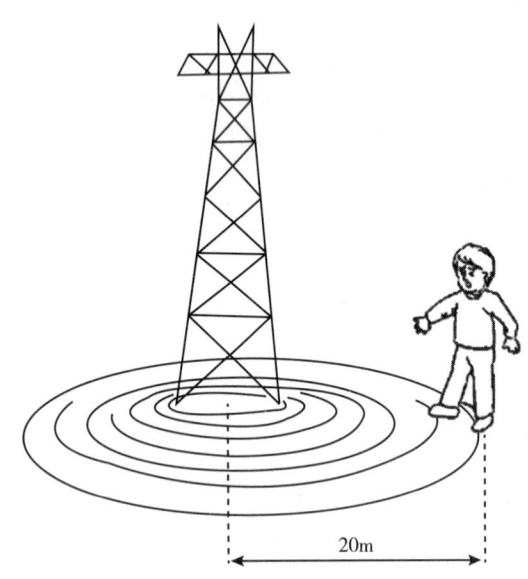

（c）跨步电压触电

图1-1-1　触电的形式

3.触电电流对人体的伤害

（1）电流对人体的伤害形式

①电击。当人体触电时，电流通过人体内部，对内部组织造成的伤害称为电击。电击主要伤害心脏、呼吸和神经系统。多数触电死亡是由电击造成的。

②电伤。电流对人体外部造成的局部伤害叫电伤，包括灼伤和皮肤金属化。

（2）电流对人体的伤害程度

①通过人体的电流越大，人体的生理反应就越明显，感觉也就越强烈，生命的危险性就越大。通过人体的交流电流超过10mA、直流电流超过50mA时，触电者自己难以摆脱电源，就会有生命危险。

②通电时间越长，其危险性也就越大。常用的 50~60Hz 的工频交流电对人体的伤害最重。触电电压越高，通过人体的电流就越大，对人体的危害也就越大。

③电流对人体的危害程度与人的身体状况有关，即与性别、年龄和健康状况有关。女性较男性对电流的刺激更为敏感，感知电流和摆脱电流的能力要低于男性。儿童比成人更严重。

④人体对电流有一定的阻碍作用，这种阻碍作用表现为人体电阻。一般人体电阻为 1000~2000Ω。

4. 防止触电的保护措施

为防止发生触电事故，除遵守电工安全操作规程外，还必须采取一定的防范措施以确保安全。常见的触电防范措施主要有正确安装用电设备、安装漏电保护装置、电气设备的保护接地和电气设备的保护接零等。

（1）正确安装用电设备

电气设备要根据说明和要求正确安装，带电部分必须有防护罩或放到不易接触到的高处，以防触电。

（2）安装漏电保护装置

漏电保护装置的主要作用是当电路中的电流超过一定值时，能快速切断电路，确保人身安全。它能防止由漏电引起的触电事故和单相触电事故，以及由漏电引起的火灾事故等。

（3）电气设备的保护接地

保护接地就是把电气设备的金属外壳用导线和埋在地中的接地装置连接起来。电气设备采用保护接地以后，即使电气设备的绝缘损坏或安装不合理等原因使外壳带电，由于人体碰到外壳时相当于人体与接地电阻并联，而接地电阻的阻值很小，一般不允许超过 4Ω，因此通过人体的电流很小，从而保证了人身安全。

（4）电气设备的保护接零

保护接零就是在电源中性点接地的三相四线制中，把电气设备的金属外壳与中性线连接起来。电气设备采用保护接零以后，当设备某相出现事故碰壳时，形成相线和中性线的单相短路，短路电流能迅速使保护装置（如熔断器）动作，切断电源，从而使事故点与电源断开，防止触电危险。

> **注意：**
> 电气设备的金属外壳必须接地，不准断开带电设备的外壳接地线；
> 对临时装设的电气设备，也必须将金属外壳接地。

5. 触电现场的处理与急救

当发现有人触电时，必须用最快的方法使触电者脱离电源。然后根据触电者的具体情况，进行相应的现场救护。

（1）脱离电源

脱离电源的具体方法可用"拉""切""挑""拽"四个字来概括。

拉：是指就近拉开电源开关拔出插头或瓷插熔断器，如图 1-1-2 所示。

图 1-1-2 关闭电源开关

切：当电源开关、插座或瓷插熔断器距离触电现场较远时，可用带有绝缘柄的利器切断电源线。切断时应防止带电导线断落触及周围的人体，如图 1-1-3 所示。

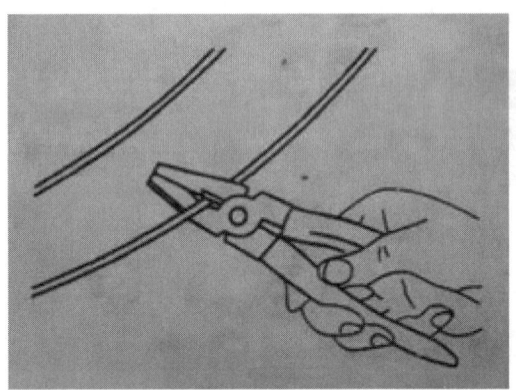

图 1-1-3 切断电线

挑：如果导线搭落在触电者身上或压在身下，这时可用干燥的木棒、竹竿等挑开导线，或用干燥的绝缘绳套拉导线或触电者，使触电者脱离电源，如图 1-1-4 所示。

图 1-1-4 挑开电线

拽：救护人可戴上手套或在手上包缠干燥的衣服等绝缘物品拖拽触电者，使之脱离电源。如果触电者的衣裤是干燥的，又没有紧缠在身上，救护人可直接用一只手抓住触电者不贴身的衣裤将其拉脱电源，但要注意拖拽时切勿触及触电者的皮肤。也可站在干燥的木板、橡胶垫等绝缘物品上，用一只手将触电者拖拽开来，如图 1-1-5 所示。

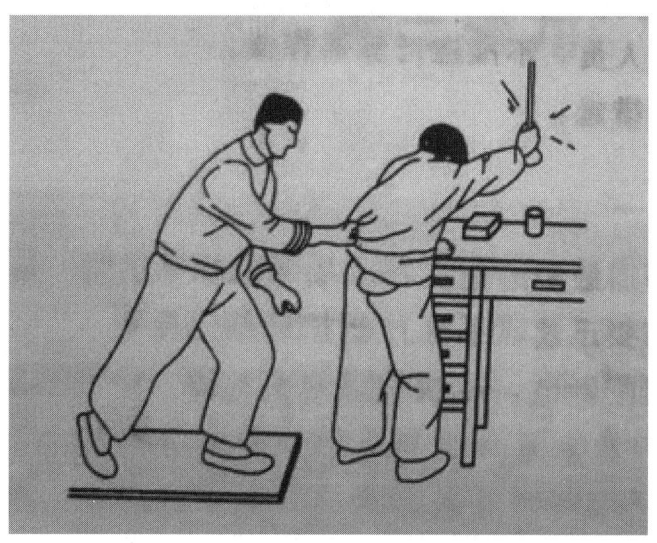

图 1-1-5　拽开触电者

（2）现场急救

触电者脱离电源后，应立即进行现场紧急救护，不可盲目给触电者注射强心针。当触电者出现心脏停搏、无呼吸等假死现象时，可采用胸外心脏挤压法和口对口人工呼吸法进行救护。

①胸外心脏挤压法。适用于有呼吸但无心跳的触电者。

具体方法是：病人仰卧在床上或地上，头低 10°，背部垫上木板，解开衣服，在胸廓正中间有一块狭长的骨头，即胸骨，胸骨下正是心脏。急救人员跪在病人的一侧，两手上下重叠，手掌贴于心前区（胸骨下 1/3 交界处），以冲击动作将胸骨向下压迫，使其陷 3~4cm，随即放松（挤压时要慢，放松时要快），让胸部自行弹起，如此反复，有节奏地挤压，每分钟 60~80 次，直到心跳恢复为止。

注意事项：

a.挤压时，不宜用力过大、过猛，部位要准确，不可过高或过低。否则，易致胸骨或肋骨骨折、内脏损伤，或者将食物从胃中挤出，逆流入气管，引起呼吸道梗阻。

b.胸外心脏挤压常常与口对口呼吸法同时进行，吹气与挤压之比：1 人时，吹 1 口气，挤压 8~10 次；2 人时，吹 1 口气，挤压 4~5 次。

c.在施行胸外心脏挤压的同时，要配合心率注射急救药物，如肾上腺素、异丙基肾上腺素等。

d.如果病人体弱或是小孩，则用力要小些，甚至可用单手挤压。

e.挤压有效时，可触到颈动脉搏动，自发性呼吸恢复，脸色转红，已散大的瞳孔缩小等。

如图 1-1-6 所示为胸外心脏挤压法。

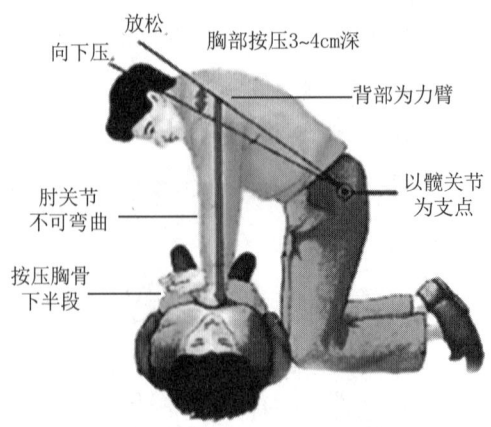

图 1-1-6　胸外心脏挤压法

②口对口人工呼吸法。适用于有心跳但无呼吸的触电者。人工呼吸法，是指用人工方法，使空气有节律地进入和排出肺脏，达到维持呼吸，解除组织缺氧的目的。常用方法有口对口人工呼吸法、仰卧压胸法、仰卧压背法等。进行人工呼吸前，应先解开伤员领扣、紧身衣服、裤带，清除口腔的泥土、杂草、血块、分泌物或呕吐物等。有假牙者应取出，保持呼吸道通畅。口对口人工呼吸的方法是：将伤员下颌托起，捏住鼻孔，急救者深吸气后，紧贴对准伤员的口，用力将气吹入，看到伤员胸壁扩张后停止吹气，之后迅速离开嘴，如此反复进行，每分钟约 20 次。如果伤员的口腔紧闭不能撬开，也可用口对鼻吹气法，如图 1-1-7 所示。

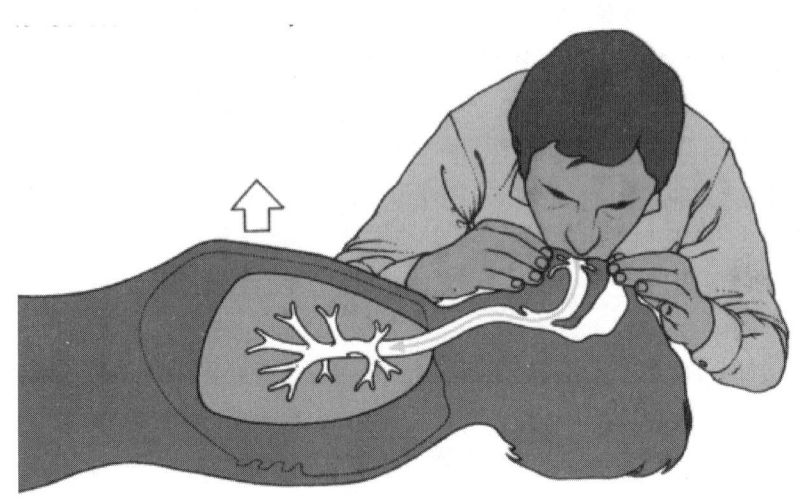

图 1-1-7　人工呼吸

6. 火灾的防范与扑救

（1）电气火灾的概念

电气火灾一般是指由于电气线路、用电设备、器具以及供配电设备出现故障性释放的热能，如高温、电弧、电火花以及非故障性释放的能量，如电热器具的炽热表面，在具备燃烧条件下引燃本体或其他可燃物而造成的火灾，也包括由雷电和静电引起的火灾。

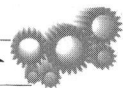

（2）电气火灾的预防措施

①开展电气线路故障特性实验技术、电气绝缘寿命现场检测技术研究，制定电气线路防火设计规范。

②制定电气线路火灾隐患和危险评估方法，工程实践中获取可靠技术依据，提出电气火灾危险性分类级别，提高评估的可靠性和可信性。

③根据使用场所的需要，确定合理的电线电缆设计裕度，避免先天隐患。对危重场所选择阻燃、防火或耐火电缆，提高电线电缆的耐燃性并合理应用电缆开展技术及经济性深入研究。

④对电气工程、改造工程安装产品和工程质量研究制定监督及科学的检验方法及技术规程。探索隐蔽线路发热区域检测的可能性，研制现场检测设备。

⑤研究电气保护特性，合理选择电气保护级别，定期对电气保护特性进行核定，减少电气故障的发生。

⑥研究短路快速分段方法和技术，尽早地设计和开发民用建筑或一般工业建筑早期短路分断电器，以降低故障发热能量。

⑦研究电气配电装置接点过热探测和报警设备，降低接点接触不良或小规模过流引起接点发热的可能性。

⑧研制短路电流抑制技术，采用新材料，提高短路时线路阻抗，缩小短路电弧能量，降低短路故障引起火灾的可能性。

（3）电气火灾的扑救方法

①及时切断电源。若仅个别电器短路起火，可立即关闭电器电源开关，切断电源。若整个电路燃烧，则必须拉断总开关，切断总电源。如果离总开关太远，来不及拉断，则应采取果断措施将远离燃烧处的电线用正确方法切断。注意，切勿用手或金属工具直接拉扯或剪切，而应站在木凳上用有绝缘柄的钢丝钳、斜口钳等工具剪断电线。切断电源后方可用常规的方法灭火，没有灭火器时可用水浇灭。

②不能直接用水冲浇电器。电气设备着火后，不能直接用水冲浇。因为水有导电性，进入带电设备后易引发触电，会降低设备绝缘性能，甚至引起设备爆炸，危及人身安全。

变压器、油断路器等充油设备发生火灾后，可把水喷成雾状灭火。因水雾面积大，水珠强小，易吸热汽化，迅速降低火焰温度。

③使用安全的灭火器具。电气设备运行中着火时，必须先切断电源，再行扑灭。如果不能迅速断电，可使用二氧化碳、四氯化碳、干粉灭火器等器材。使用时，必须保持足够的安全距离，对10kV及以下的设备，该距离不应小于40cm。

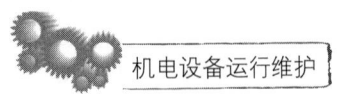

实训 1 胸外心脏挤压法和人工呼吸法的急救

实训名称	胸外心脏挤压法和人工呼吸法的急救
实训内容	在应对有人触电的突发状况时，能够选用正确的急救方法，按照正确的流程进行施救，掌握胸外心脏挤压和人工呼吸的急救方法
实训目标	1. 掌握急救的方式； 2. 掌握急救的流程及操作要点
实训课时	2 课时
实训地点	电气设备装调实训室

练习题

1. 判断题

（1）电灼伤、电烙印和皮肤金属化属于电伤。（   ）

（2）跨步电压触电属于直接接触触电。（   ）

（3）两相触电比单相触电更危险。（   ）

（4）为使触电者气道畅通，可在触电者头部下面垫枕头。（   ）

（5）触电者昏迷后，可以猛烈摇晃其身体，使之尽快复苏。（   ）

（6）为了有效地防止设备漏电事故的发生，电气设备可采用接地和接零双重保护。（   ）

（7）移动某些非固定安装的电气设备时（如电风扇、照明灯），可以不必切断电源。（   ）

2. 选择题

（1）50mA 电流属于（   ）。

  A. 感知电流　　B. 摆脱电流　　C. 致命电流

（2）人体电阻一般情况下取（   ）考虑。

  A. $1 \sim 10 \Omega$　　B. $10 \sim 100 \Omega$　　C. $1 \sim 2 k\Omega$　　D. $10 \sim 20 k\Omega$

（3）触电事故中，绝大部分是（   ）导致人身伤亡的。

  A. 人体接受电流遭到电击　　B. 烧伤　　C. 电休克

（4）如果触电者伤势严重，呼吸停止或心脏停止跳动，应竭力施行（   ）和胸外心脏挤压。

  A. 按摩　　B. 点穴　　C. 人工呼吸

任务完成报告

姓名		学习日期	
任务名称	维修安全常识		
学习自评	考核内容	完成情况	
	1. 维修电工的工作任务	□好 □良好 □一般 □差	
	2. 维修电工人身安全	□好 □良好 □一般 □差	
	3. 触电急救方法	□好 □良好 □一般 □差	
	4. 胸外心脏挤压法急救	□好 □良好 □一般 □差	
	5. 口对口人工呼吸急救	□好 □良好 □一般 □差	
学习心得			

任务2　常用电工工具的使用与导线的连接

一个合格的维修电工需要熟练使用电工工具，熟悉常用的电气设备。本任务讲解常用电工工具、电工测量工具、电工材料、导线连接与绝缘恢复。其中，重点内容为导线连接与绝缘恢复的操作，难点内容为电工测量工具的使用。

本任务的最终目标是：规范使用电工工具，完成导线的连接。

知识目标：

①掌握常用电工工具的使用方法；

②掌握电工测量工具的使用方法；

③了解常用电工材料；

④掌握导线的连接与绝缘恢复的操作。

能力目标：

①能够使用电工工具进行测量；

②能够连接导线，并恢复绝缘；

③掌握常用电工工具的使用方法。

学习内容：

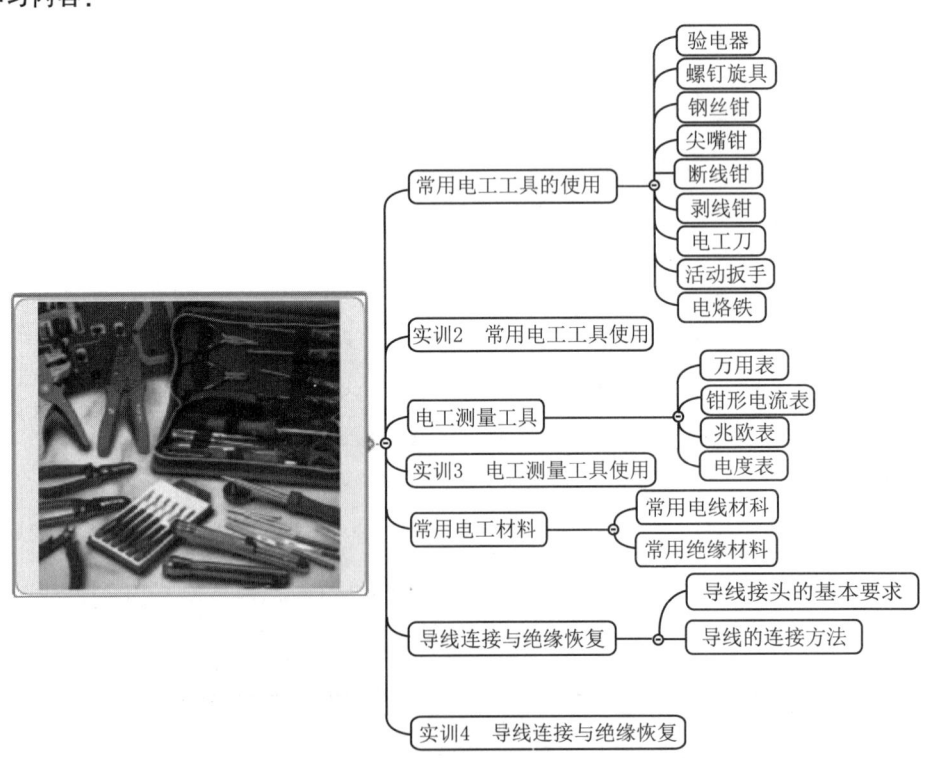

一、常用电工工具的使用

常用电工工具是指一般专业电工使用的工具，常用的有验电器、螺钉旋具、钢丝钳、尖嘴钳、断线钳、剥线钳、电工刀、活动扳手等。

1. 验电器

验电器是检验导线和电气设备是否带电的一种常用的电工检测工具。

低压验电器又称为测电笔，简称电笔，有笔式和旋具式两种，如图1-2-1所示

(a) 笔式低压验电器　　　　　(b) 旋具式低压验电器

图1-2-1　低压验电器

低压验电器由笔尖、笔身、弹簧、氖泡、电阻等部分组成，使用时用手指触及笔尾的金属部分，使氖管小窗背光朝自己。当用电笔测带电体时，电流经带电体、电笔、人体、大地形成回路，只要带电体与大地之间的电位差超过60V，电笔中的氖泡就发光。使用时应防止笔尖金属部分触及人手或别的导体，以防触电和短路。

低压验电器的作用如下：

①根据氖管发光的强弱来估计电压的高低，氖管发光越强，电压越高。

②区别相线与零线。在交流电路中当验电器触及导线时氖管发光的即为相线，正常情况下，触及零线时不发光（零线与火线要间隔50cm距离测试）。

③区别直流电与交流电。测电笔金属前端靠近被测物，若数显表显示"⚡"符号，表明物体带交流电。

2. 螺钉旋具

螺钉旋具又称旋凿或起子，它是一种紧固或拆卸螺钉的工具。

（1）螺钉旋具的式样和规格

螺钉旋具的式样和规格很多，接头部形状可分为一字形和十字形两种，如图1-2-2所示。

（a）一字螺钉旋具　　　　　（b）十字螺钉旋具

图1-2-2　螺钉旋具

一字螺钉旋具常用规格有50mm、100mm、150mm和200mm等，电工必备的是50mm和150mm两种。十字螺钉旋具专供紧固和拆卸十字槽的螺钉，常用的规格有：Ⅰ号适用螺钉直径为2~2.5mm，Ⅱ号为3~5mm，Ⅲ号为6~8mm，Ⅳ号为10~12mm。

磁性旋具按握柄材料可分为木质绝缘柄和塑胶绝缘柄。它的规格较齐全，分十字形和一字形。金属杆的刀口端焊有磁性金属材料，可以吸住待拧紧的螺钉，能准确定位、拧紧，使用很

方便，目前应用也较广泛。

（2）螺钉旋具的使用方法

①大螺钉旋具的使用。大螺钉旋具一般用来紧固较大的螺钉。使用时，除大拇指，食指和中指要夹住握柄外，手掌还要顶住柄的末端，这样就可防止旋具转动时滑脱。

②小螺钉旋具的使用。小螺钉旋具一般用来紧固电气装置接线柱头上的小螺钉，使用时，可用手指顶住木柄的末端拧旋。

3. 钢丝钳

维修电工使用的钢丝钳必须是绝缘柄的。绝缘柄钢丝钳是用来夹持、铰断、弯曲导线或铁丝等的工具，如图 1-2-3 所示。钢丝钳的耐压为 500V。平头钢丝钳的规格有 150mm、175mm、200mm 三种；尖嘴钢丝钳的规格有 130mm、160mm、180mm、200mm 四种。

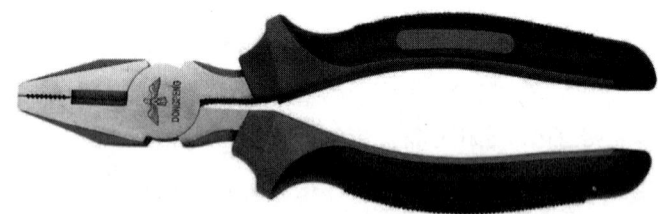

图 1-2-3　钢丝钳

4. 尖嘴钳

尖嘴钳的头部尖细，适用于在狭小的工作空间操作。

尖嘴钳有铁柄和绝缘柄两种，尖嘴钳规格有 130mm、160mm、180mm、200mm 四种，绝缘柄的耐压为 500V，其外形如图 1-2-4 所示，尖嘴钳的用途如下：

①带有刀口的尖嘴钳能剪断细小金属丝。

②尖嘴钳能夹持较小螺钉、垫圈、导线等元件。

③在装接控制线路时，尖嘴钳能将单股导线弯成所需的各种形状。

5. 断线钳

断线钳又称斜口钳，电工用断线钳的钳柄为绝缘柄，其外形如图 1-2-5 所示，绝缘柄的耐压为 500V。断线钳是专供剪断较粗的金属丝、线材及导线电缆时使用的。

图 1-2-4　尖嘴钳　　　　　　图 1-2-5　断线钳

6. 剥线钳

剥线钳是用来剥去导线端部的绝缘层及剪断导线的专用工具，如图1-2-6所示。绝缘手柄耐压为500V，规格有140mm、180mm两种。

7. 电工刀

电工刀是用来剖削电线电缆绝缘、绳索、木桩及软金属材料的工具，如图1-2-7所示。按刀片尺寸分为112mm及88mm两种。使用电工刀时，应将刀口朝外剖削。剖削导线绝缘层时应使刀面与导线成较小的锐角，以免割伤导线。使用完毕后，应及时将刀身折进刀柄。

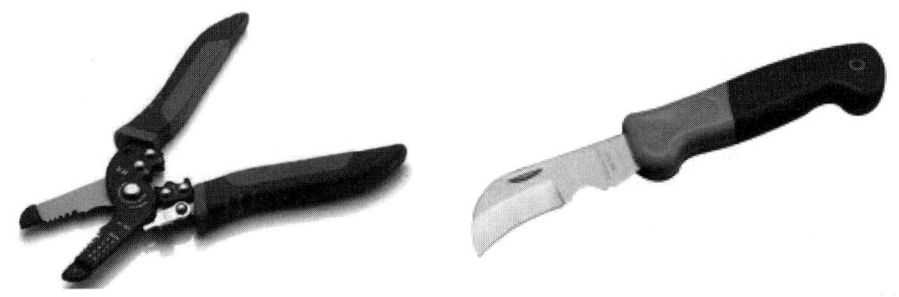

图1-2-6 剥线钳　　　　　　　　图1-2-7 电工刀

8. 活动扳手

活动扳手又称活络扳头，是用来紧固和起松螺母的一种专用工具。活动扳手由头部和柄部组成，头部由活动扳唇、呆扳唇、扳口、涡轮和轴销等构成，如图1-2-8所示。旋动涡轮可调节扳口大小。其规格以长度×最大开口宽度（单位为mm）来表示，电工常用的活动扳手有150mm×19mm（6英寸）、200mm×24mm（8英寸）、250mm×30mm（10英寸）和300mm×36mm（12英寸）四种规格。

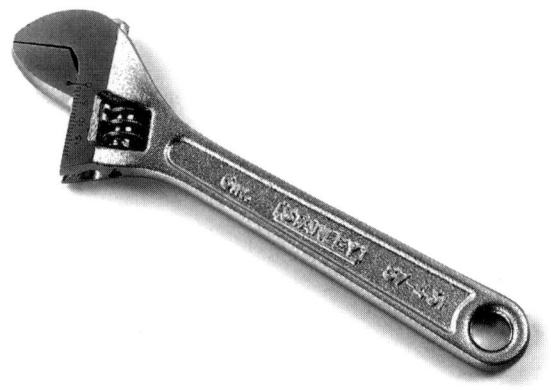

图1-2-8 活动扳手

活动扳手的使用方法：

①扳动大螺母时，常用较大的力矩，手应握在近柄尾处。

②扳动较小螺母时，所用力矩不大，但螺母过小易打滑，故手应握在接近扳头的地方，这样可随时调节涡轮，收紧活动扳唇，防止打滑。

③活动扳手不可反用，以免损坏活动扳唇，也不可用钢管接长手柄来施加较大的扳拧

力矩。

④活动扳手不得当作撬棍和手锤使用。

9.电烙铁

电烙铁是烙铁针焊的热源，通常以电热丝作为热元件，分为内热式和外热式两种，其外形如图 1-2-9 所示，常用的规格有 1W、25W、33W、45W 和 75W 等多种。焊接弱电元件时，宜采用 25W 和 45W 两种规格；焊接强电元件时，需用 45W 以上规格。电烙铁的功率应选用适当，如过大，既浪费电力又容易烧毁元件；如过小，会因热量不够而影响焊接质量。

（a）外热式电烙铁　　　　（b）内热式电烙铁

图 1-2-9　电烙铁

电烙铁用毕，要及时拔掉电源插头，以节约电力，延长使用寿命。在导电地面（如混凝土和泥土地面等）使用时，电烙铁的金属外壳必须妥善接地，以防漏电时触电。

实训 2　常用电工工具使用

实训名称	常用电工工具使用
实训内容	熟悉电工工具的种类，能够正确使用螺丝刀、剥线钳、验电笔进行作业
实训目标	1. 了解常用电工工具的种类及作用； 2. 掌握螺丝刀、剥线钳、验电笔的使用方法
实训课时	2 课时
实训地点	电气设备装调实训室

二、电工测量工具

电工测量所用的仪器仪表统称为电工仪表。电工使用电工仪表进行电流、电压、电功率和电阻等电工量的测量，以便掌握电气设备的特点、运行情况和检查电气元件的质量情况。电工仪表的种类很多，在这里仅介绍常用的万用表、钳形电流表、兆欧表、电度表。

1.万用表

万用表是一种多功能、多量程便携式测量仪表，一般可用来测量电阻、直流电流、直流电压、交流电压、电平、电容、电感、晶体管直流参数等。

数字万用表以测量精度高、可靠性好、显示直观、速度快、功能全、小巧轻便、耗电量小以及便于操作等优点，受到人们的普遍欢迎，已成为电子、电工测量以及电子设备维修的必备仪表，如图1-2-10所示。下面将说明其使用方法。

图1-2-10　数字式万用表

（1）电阻的测量

将黑表笔插入"COM"，红表笔插入"V/Ω"插孔，当输入端开路时屏幕显示过载符号"1."。测量电阻时将电阻接在红、黑表笔之间，量程开关转至相应的电阻量程上，显示屏显示的数值即被测电阻值。如果电阻值超过所选量程，则显示屏会显示过载符号，这时应将开关转到高一挡上。

（2）直流电流的测量

将黑表笔插入"COM"，红表笔插入"mA"插孔中（最大200mA）或"20A"插孔中（最大20A），将量程开关转直流电流挡相应的量程上，然后将表笔串入被测电路中，显示屏上则显示被测电流的数值及方向。若无法估计被测电流，应将量程放在最高挡，然后根据显示数值选择合适的量程。若显示屏上显示"1."，则表明已超过量程范围，必须将量程开关转至高挡位上，注意最大输入电流为200mA或20A。过大的电流会将保险熔断，用20A挡位无保护，过大的电流将使电路发热，甚至损坏仪表。

（3）直流电压的测量

将黑表笔插入"COM"，测量红表笔插入"V/Ω"插孔，将量程开关转至直流电压相应的量程上，然后将表笔并在被测电路上，显示屏上所显示的数值和方向即被测电压值。若无法估计被测电压，应将量程放在最高挡，然后根据显示数值选择合适的量程。若屏幕上显示"1."，则表明已超过量程范围，必须将量程开关转至高挡位上。测量电压不可超过1000V，否则会损坏仪表。

（4）交流电流的测量

将黑表笔插入"COM"，红表笔插入"mA"插孔中（最大200mA）或"20A"插孔中（最大20A），将量程开关转至交流电流挡ACA相应的量程上，然后将表笔串入被测电路中，显示屏上则显示被测电流的数值。若无法估计被测电流，应将量程放在最高挡，然后根据显示数值选择合适的量程。若屏幕上显示"1."，则表明已超过量程范围，必须将量程开关转至高挡位上。注意，最大输入电流为200mA或20A。过大的电流会将保险熔断，用20A挡位无保护，过大的电流将使电路发热，甚至损坏仪表。

（5）交流电压的测量

将黑表笔插入"COM"，红表笔插入"V/Ω"插孔，将量程开关转至交流电压相应的量程上，然后将表笔并在被测电路上，显示屏上则显示被测电压的数值。若无法估计被测电压，应将量程放在最高挡，然后根据显示数值选择合适的量程。若屏幕上显示"1."，则表明已超过量程范围，必须将量程开关转至高挡位上。测量电压不可超过750V，否则会损坏仪表。

（6）电容的测量

将量程开关置于相应的电容量程上。若被测电容超过所选量程的最大值，显示屏上会显示"1."，此时应将量程开关转至高一挡位上。在测量电容之前，屏幕显示可能尚未回零，残留读数会逐渐减少，它不会影响测量结果。

（7）二极管及通断测试

将黑表笔插入"COM"，红表笔插入"V/Ω"插孔（红表笔极性为正）；将量程开关置二极管测试挡，并将表笔接到被测二极管上：红表笔接二极管正极，黑表笔接二极管负极，读数为二极管正向压降的近似值。若将表笔连接到待测线路的两点，如果内置蜂鸣器发声，则两点之间电阻值低于70Ω。

（8）三极管放大倍数的测量

将量程开关置于h_{EF}挡，确定所测晶体管为PNP型或NPN型，将发射极、基极、集电极分别插入相应的插孔，显示屏上显示的数值即三极管的放大倍数。

（9）频率的测量

将表笔或屏蔽电缆接入"COM"和"V/Ω"输入端，量程开关转到频率挡上，将表笔或屏蔽电缆接在信号源或被测负载上，显示器上显示被测信号的频率。注意，禁止输入超过250V直流或交流峰值的电压，以免损坏仪表。

使用数字万用表的注意事项：

①当显示屏上出现"LOBAT"或"—"时表明电池电压不足应更换。装换电池时，关掉电源开关，打开电池盒后盖，即可更换。

②当测量电流没有读数时，请检查保险丝。过载保护熔丝断后更换时，需打开整个后端盒盖，即可更换。

③测量完毕，应关闭电源。若长期不用，应取出电池，以免产生漏电损坏仪表。

④这种仪表不宜在日光及高温、高湿的地方使用与存放。其工作温度为0~40℃，湿度小于80%。

2. 钳形电流表

钳形电流表是不需断开电路就可测量电路中电流的一种便携式仪表，分为交流钳形表和交直流钳形表两类。交直流钳形表可测量交流和直流电流，但因构造复杂、成本高，所以现在使用的大多是交流钳形表。钳形电流表的测量精度较低，适用于测量精度要求不高的场合。

钳形电流表根据电流互感器原理制成，如图1-2-11（a）所示。它的铁芯用绝缘手柄分开，可卡住被测量的母线或导线，装在钳体上的电流表接到装在铁芯上次级线圈两端。常用的钳形电流表外形如图 1-2-11（b）所示。

使用时，先将其量程转换开关转到合适的挡位，手持胶木手柄，用手指钩住铁芯开关柄，用力握，铁芯打开，将被测导线从铁芯开口处引入铁芯中央，松开铁芯开关柄，使铁芯闭合，钳形电流表指针偏转，读取测量值。再打开铁芯，取出被测导线，即完成测量任务。

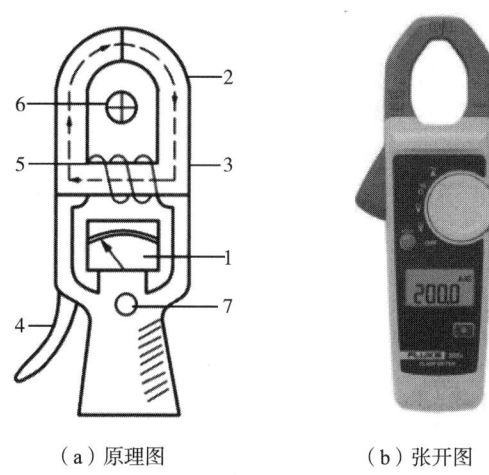

（a）原理图　　　　　（b）张开图

图 1-2-11　钳形电流表

1—电流表；2—铁芯；3—互感器；4—铁芯开关柄；

5——次级线圈；6—被测导线；7—量程开关选择

由于钳形电流表量程较大，在测量小电流时读数困难，误差大时，可将导线在铁芯上绕几匝，再将读得的电流值除以匝数即得实际的电流值。

3. 兆欧表

由于发热、受潮、污染、老化等原因会使绝缘材料的绝缘性能下降，为了保证电气设备的正常运行和人身安全，必须定期对电动机、电器及供电线路的绝缘性能进行检测，而且检修后的仪器设备也要检测其绝缘性能是否达到要求，如果用万用表来测量设备的绝缘电阻，测得的只是在低电压下呈现的绝缘电阻，不能反映在高压条件下工作时的绝缘性能。绝缘电阻必须用有高压电源的兆欧表进行测量。兆欧表又称摇表、绝缘电阻表，其外形如图 1-2-12 所示，是专门用来测量绝缘电阻值的便携式仪表。由于兆欧表本身能产生高压电源，因此用兆欧表测量绝缘电阻能得到符合实际工作条件的绝缘电阻值，它在电气安装、检修和试验中得到广泛应用。

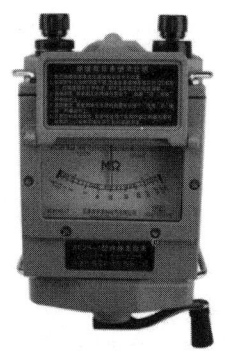

图 1-2-12　兆欧表

(1) 兆欧表测量范围的选择原则

不能使测量范围过多地超出被测绝缘电阻的数值，以免因刻度较粗产生较大的读数误差。兆欧表的额定电压一定要与被测电气设备或线路的工作电压相适应。一般测量50V以下的用电器绝缘，可选用250V的兆欧表；测量50~500V的电气设备绝缘，选用500V兆欧表为宜；额定电压在500V以上的电气设备绝缘，应选用1000V或2500V的兆欧表；对于绝缘子、母线等，要选用2500V或3000V的兆欧表。

(2) 兆欧表的使用方法

使用兆欧表时，须在设备不带电的情况下进行。为此，测量前必须将被测电气设备的电源断开，并对被测设备进行充分放电，以排除断电后其电感、电容带电的可能性。另外，测量前必须对被测设备进行清洁处理，以防止灰尘、油污等因素对测量结果的影响。兆欧表上有三个接线端子，分别标着"线路（L）""接地（E）""屏蔽（G）"，进行一般测量时，将被测绝缘电阻接到"L"和"E"两个接线端子上。

使用兆欧表前应进行检查。将兆欧表平稳放置，先使"L""E"两个端子开路，摇动手摇发电机的手柄，使发电机的转速达到额定转速，这时的指针应该指在标尺的"∞"刻度处；然后将"L""E"短接，并缓慢摇动手柄，指针应指在"0"位，短接时必须缓慢摇动，以免电流过大烧坏线圈。如果指针不指在刻度线的"∞"或"0"位上，必须对兆欧表进行检修后才能使用。

测量线路对地的绝缘电阻时，应将被测端接到"L"端子上，而"E"端子接地，如图1-2-13（a）所示。

测量电动机或变压器绕组间绝缘电阻时，先拆除绕组间的连接线，将"E""L"端子分别接于被测的两相绕组上，如图1-2-13（b）所示。

测量电动机或设备对地绝缘电阻时，"E"端子接电动机或设备外壳，"L"端子接被测绕组的一端，如图1-2-13（c）所示。

当被测对象为芯线与外皮之间的绝缘电阻时，除将被测两端分别接"L"和"E"两个端子外，还要将电缆芯线与外皮之间的绝缘层接到屏蔽接线端子"G"上（以消除因电缆表面潮湿等因素产生的漏电流引起的测量误差），如图1-2-13（d）所示。然后转动手柄（一般规定为120/min），读数时一般以一分钟后的读数为准，即可测得其绝缘电阻。

当兆欧表没有停止转动和被测物没有放电之前，不可用手去触及被测物的测量部分，或进行拆除导线的工作。在测量具有大电容设备的绝缘电阻之后，必须将被测物对地放电，然后停止转动兆欧表的发电机手柄，这主要是防止电容器放电而损坏仪表。

4. 电度表

电度表（又称电能表）用来对用电设备进行电能测量，是组成低配电板或配电箱的主要电气设备，它有单相电度表和三相电度表之分。照明配电箱中单相电度表用的较多，动力箱中三相电度表用的较多。

在选用电度表时，一般单相负载选择单相电度表；三相负载选择三相电度表。根据负载额定电压及要求测量值的准确度，选择电度表的型号。应使电能表的额定电压与负载额定电压相符，电能表的额定电流大于或等于负载的最大电流。

常见单相电度表的外形如图 1-2-14 所示。

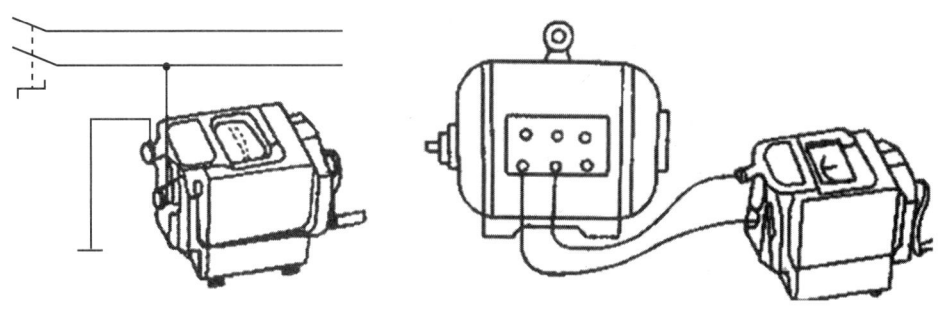

（a）测量线路的绝缘电阻　　　　（b）测量电动机的相间绝缘电阻

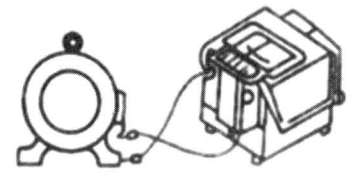 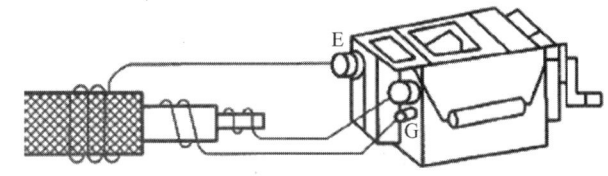

（c）测量电动机的接地绝缘电阻　　（d）测量电缆的绝缘电阻

图 1-2-13　兆欧表的接线方法

图 1-2-14　数字式单相电度表

（1）单相电度表的选用

单相电度表额定电压为 220V，额定电流有 2.5A、5A、10A、15A、20A 和 25A 等规格。额定电流越大，可以通过的电流越大，但不是额定电流越大越好。

电度表的选用要根据负载来确定，也就是说，所选电度表的额定电流或容量是根据电路中负载的大小来确定的，额定电流或容量选择大了，电度表不能正常转动，会因本身存在的误差影响计算结果的准确性；额定电流或容量选择小了，会使电度表过载，严重时有可能烧毁电度表。新型电度表具有 4 倍左右的过载能力，额定电流乘以 220V 即其额定功率，例如 5A（20A）的电度表，可带标定负载功率为 220×5=1100（W）=1.1（kW），其额定最大负载功率为 22×20=4400（W）=4.4（kW）。

如果知道用户负载的总容量，也可以选择电度表。选择电度表的一般原则为，应使所选用的电度表负载总瓦数为用户实际用电总瓦数的 1.25~4 倍。例如，家庭使用照明灯 6 盏，约为 160W，使用电视机、电冰箱等电器，约为 840W，由此得 1000×1.25=1250（W），1000×4=4000（W），因此选用电度表的负载瓦数在 1250~4000W，查表 1-2-1 可知，应选用 5A（20A）的电度表。又如，某家庭的总用电量为 5kW，查表 1-2-1 可知，应选用 10A（40A）的电度表。

表 1-2-1　单相电度表对应负载参数表

标定电流 （额定最大电流）/A	2.5（10）	5（20）	10（40）	15（60）	20（80）	25（100）
额定功率 （最大功率）/kW	0.5（2.2）	11（4.4）	2.2（8.8）	3.3（13.2）	4.4（17.6）	5.5（22）

（2）单相电度表的安装与接线

①安装地点应干燥、稳固、避免阳光直射、便于抄表，且无灰尘、热源、机械振动或磁场干扰（距离 100A 以上的导线不应小于 400m，距离热力管道不小于 0.5m），忌湿、热、霉、烟、尘、砂及腐蚀性气体。装于室外时，应采取防雨、避雷措施，避免因雷击而使电度表烧毁。

安装地点的环境温度应符合以下要求：1.0 级有功电度表，其正常工作的环境温度为 0~40℃；2.0 级有功电能表工作的环境温度为 −10~50℃。

②不同电价的用电线路应分别装表，同一电价的用电线路应合并装表。室内表箱门应设玻璃，公用场所表箱门应加锁。

③安装前应注意铅封。新购买的电度表或检验合格的电度表都加有铅封使用。无铅封或存储期过长的电度表，应到计量部门校验正常后才能安装。

④电能表应垂直安装，前后左右的倾斜度不大于 5°时，会引起 10% 的计量误差。电度表中心距离地面一般为 1.5~1.8m，在成套开关柜内安装时，距地面不得低于 0.7m，两表中心距离不应小于 200mm。

⑤进线接电源，出线接负载，且进线应敷设在电度表的左侧，出线应敷设在右侧。若用线管敷设，出线不可穿入电度表进线的管子内，应另设出线管，以免混淆不清或发生短路影响电度表的正常计量。

⑥使用铝线时应注意，由于铜铝线接触易氧化，所以接入端钮盒的引入线最好用铜线，以防因接触不良而影响计量和供电。电流线圈应串接在相线上，电压线圈应并联在电路中。

⑦单相电度表的接线方式主要有直接接入式和经电流互感器接入两种。直入式按照表内接线方式不同，又可分为跳入式和顺入式两种。常用单相电度表的接线盒内有 4 个接线端，自左向右按 1、2、3、4 编号。

国产单相电度表绝大多数是跳入式，在电压 220V、电流 10A 以下的单相交流电路中，电度表可以直接接在交流电路上，电度表必须按接线图接线（在电度表接线盒盖的背面有接线图）。如图1-2-15所示，其端子1、2为电流线圈，串联在相线中；端子3、4在表内短接后与电压线圈尾端相连，表外则与零线相接，端子1、4或1、3为电压线圈与线路并联。

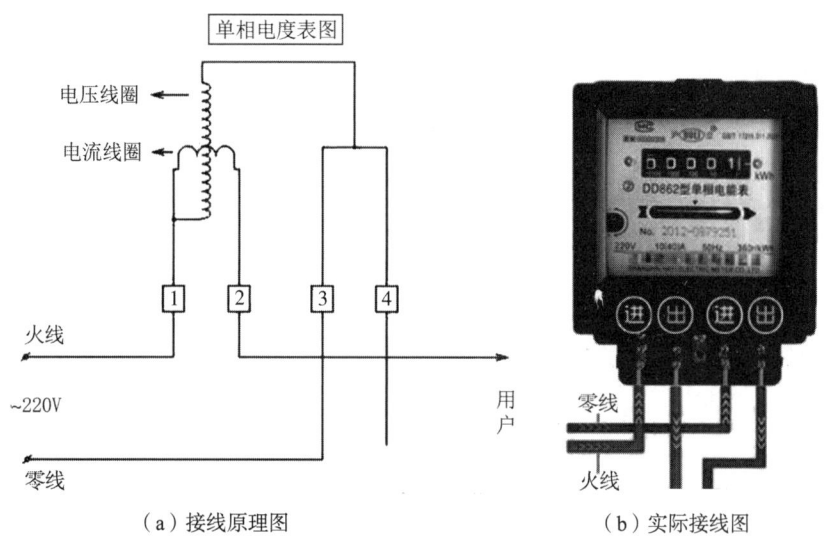

图 1-2-15　单相电度表接线

实训3　电工测量工具使用

实训名称	电工测量工具使用
实训内容	理解电工测量工具的种类，能够使用万用表进行电压、通断的测量，用兆欧表对电缆绝缘电阻和电机的绝缘电阻进行测量，对电度表进行接线
实训目标	1. 理解常用电工测量工具的分类及作用； 2. 掌握万用表、兆欧表、电度表的正确使用方法
实训课时	2课时
实训地点	电气设备装调实训室

三、常用电工材料

导电材料是指能输送和传导电流的材料，导电材料根据性能的不同大体可分为电线材料（又称良导体材料）和特殊导电材料。

常用的良导体材料有铜、铝、钢、钨、锡等。其中以铜、铝、钢为主，主要用于制作导线和母线，三者中又以铜的应用最为广泛。钨的熔点较高，主要用于制作电光源的灯丝。锡的熔点低，常用作导线的接头焊料。另外，还有一些稀有金属，如银、镍、锌、镁、锰等也是良导体材料，但价格较高。良导体材料还包括一些合金材料，这些合金材料不仅有导电性能，还各具独特性能。例如架空线需具有较高的机械强度，常选用铝镁硅合金；保险丝需具有易熔的特点，选用铅锡合金等。电阻器和热工仪表的电阻元件是高电阻材料，选用康铜、锰铜、镍铬和铁铬铝；电热材料需具有较大的电阻系数，常选用镍铬合金或铁铬铝合金等。

1. 常用电线材料

一般电线材料是指专门用于传导电流的金属材料，要求其电阻率小、导热性优、线胀系数小、抗拉强度适中、耐氧化、耐腐蚀、易加工、可焊接、资源丰富、价格较低。铜和铝是优良的导电材料，主要用于制造电线电缆和导电结构件。

电线材料制成的各种电线电缆品种很多，按照性能、结构、制造工艺及使用特点，分为以下5类：裸导线和裸导体制品、电磁线、电气装备用电线电缆（又称绝缘导线）、电力电缆、通信电缆。

电工常用的电线材料是绝缘导线、裸导线、电力电缆、电磁线，其导电材料大部分是铜和铝。

电线的型号用汉语拼音字母来表示，其各部分的含义如图1-2-16所示。

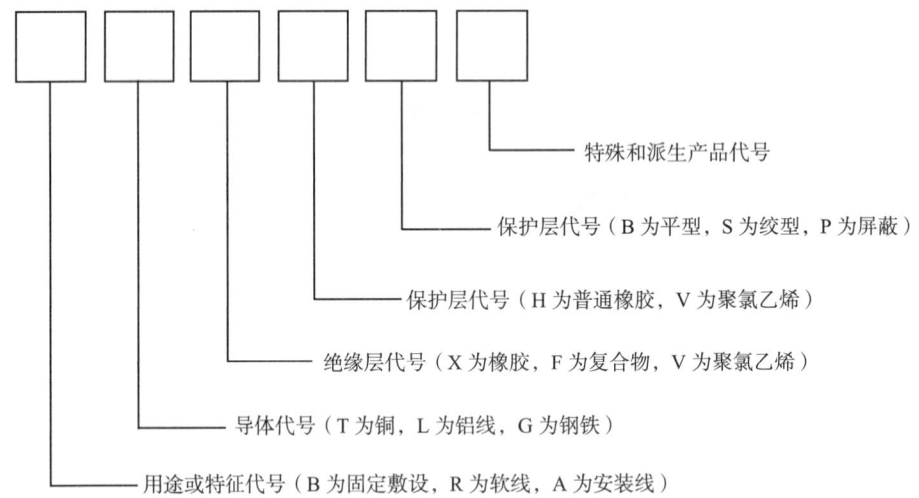

图 1-2-16 电线型号各部分的含义

（1）绝缘导线

①绝缘导线型号的选择。电气装备使用的绝缘导线，应用范围最广、品种最多，用于各种电气装备的内部连接线、电气装备与电源间的连接线和各种电气装备的控制、信号及仪表的连接线。其基本性能要求是：电气性能优良、稳定；有足够的机械强度和柔软性；能承受长期的工作电压和运行中的过电压，运行安全可靠。绝缘导线可根据不同用途、工作电压来选择型号。

②绝缘导线截面积的选择。导线的截面面积主要根据导线的安全载流量来选择。对于家庭电路的导线截面面积，通常可按铜芯绝缘导线为3~4A/mm²、铝芯绝缘导线为2~3A/mm²来选择。一般来说，照明线路选择截面面积为1.5mm²的铜芯线即可，而插座线路选择截面面积为2.5mm²的铜芯线为宜，空调线路则应接4mm²的铜芯线。在选择导线时，还要考虑导线的机械强度。有些小负荷的设备，虽然选择很小的截面面积就能满足允许电流的要求，但还必须查看其是否满足导线机械强度所允许的最小截面面积，如果这项要求不能满足，就要按导线机械强度所允许的最小截面面积重新选择。

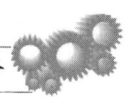

③绝缘导线颜色的选择。为方便接线和检修，敷设导线时，要根据有关规定，相线、中性线和保护线采用不同颜色的导线。例如一般用途导线，相线 L1、L2、L3 分别采用黄、绿、红三色，中性线（过去也叫零线）宜采用浅蓝色，保护线应使用绿黄双色导线。不能按规定要求选配导线时，可作适当调整，如相线可采用黄、绿、红三色中的一种，保护线无绿黄双色导线，也可用黑色的导线，但这时中性线应使用浅蓝色或白色的导线。

④家庭住宅电源线的选择。家庭住宅电源线主要根据家庭用电器的功率来定，选择时既要考虑住宅内负载的需要，又要考虑节约成本，不造成浪费。

一室一厅住宅总线可选用 4 mm² 铜导线或铜护套线作电源线，照明支路可选用 1.5 mm² 单芯铜线，其他支线可选用 2.5mm² 单芯铜线。

二室一厅住宅总线一般可选用 4mm² 或 6mm² 单芯或多股铜线，照明支路可选用 1.5 mm² 单芯铜线，其他支线可选用 2.5mm² 单芯铜线。

三室一厅住宅总线一般可选用 6mm² 或 10mm² 单芯或多股铜绝缘导线，支线可选用 2.5mm² 单芯铜线。

三室二厅住宅总线一般可选用 10mm² 或 16mm² 单芯或多股铜绝缘导线，支线可选用 2.5 mm² 单芯铜线。

照明电路中，只要用钳形表测得某相电流值，然后乘以 200，就是该相线所载负载容量（W）。这可通过下面的口诀来记忆：已知照明负荷流，功率马上就可求。一安约合二百瓦，一个千瓦约为五安电流。

> **思考：**
>
> 一个家庭为两室一厅，住宅总线用多少平方毫米(mm²)？用钳形电流表测得冰箱的电流为4A，那么冰箱的负荷大概是多少瓦(W)？

（2）裸导线

裸电线由于只有导体部分，没有绝缘和护层结构，因此称为裸电线和裸导体制品。按产品的形状和结构，分为圆单线、软接线、裸绞线、型线四种，主要用于电力、交通、通信工程与电机、变压器和电器的制造。

裸导线也称为架空导线，作输配电或通信线路中架空敷设用。其主要性能要求是导线的电阻系数小，有足够的机械强度和具有一定的耐腐蚀性能。

铜、铝排用在高、低压配电室和配电柜中，做硬裸线使用，它除了应具有裸导线所要求的性能外，还应平直光滑。

（3）电力电缆

电力电缆常用于城市的地下电网、发电厂、配电站的动力引入或引出线路，工矿企业内部的供电和水下输电线。对电力电缆的技术要求是：应具有优良的电气绝缘性能；具有较高的热稳定性；能可靠地传送需要传输的功率；具有较好的机械强度、弯曲性能和防腐蚀性能。

对电力电缆除进行外观检查外，还应按规程规定的项目和标准进行试验。外观检查为：检查外护层是否完好；截开电缆观察断面，可检查线芯的对称性和绝缘及护套内有无气孔、沙眼等；剥出线芯，检查导体表面是否光滑，有无毛刺、裂开、擦伤等缺陷。导体表面不应有严重的氧化现象，导线的缝隙中不应有污垢存在。所应进行的试验项目为：测量绝缘电阻，进行直流耐压试验并测量泄漏电流。

（4）电磁线

电磁线用于绕制电工产品的线圈或绕组。常用的电磁线有漆包线和丝包线。要求电压和磁线能承受较大的电流强度，较好的机械性能（如拉伸性、柔软性等）；绝缘层应在一定电压和温度下保持绝缘性能良好。漆包线的漆膜均匀且附着力强、有较好的热性能，丝包线应具有耐机械磨损的能力和经受弯曲、扭绞后绝缘层不破损的能力。

2. 常用绝缘材料

绝缘材料是指电导率极低的材料，其主要作用是隔离带电的或具有不同电位的导体用来限制电流，使它按一定途径流动，如隔离变压器绕组与铁芯，隔离高压、低压绕组，隔离导体以保证人身安全（如导线的外塑套）。

另外，还有利用其"介电"特性建立电场，以储存电能（如在电容器中）。根据需要，绝缘材料往往还起着灭弧、散热、冷却、防潮、防雾、防腐蚀，以及机械支撑、固定导体、保护导体等作用，故绝缘材料是电气设备中必不可少的部分。

绝缘材料在长期使用过程中，会发生化学和物理变化，使其电气性能及机械性能下降，这种变化叫老化。影响绝缘材料老化的因素很多，但主要是热因素，使用时温度过高会加速绝缘材料的老化过程，因此，对各种绝缘材料都要规定它们在使用过程中的极限温度，以延缓材料老化过程，保证电气产品的使用寿命。

四、导线连接与绝缘恢复

电气设备安装或配线过程中，常常需要把一根导线和另一根导线连接或将导线与电气设备的端子连接，这些连接处不论是机械强度还是电气性能，均是电路的薄弱环节。安装的电路能否安全可靠地运行，很大程度上取决于导线接头的质量。因此，接头的制作是电气安装和布置中一道非常重要的工序，必须按标准和规程操作。

1. 导线接头的基本要求

①机械强度高。接头的机械强度不应小于导线机械强度的80%。

②接头电阻要小且稳定。接头的电阻值不应大于相同长度导线的电阻值。

③耐腐蚀。对于铝和铝连接，如采用熔焊法，主要防止残余熔剂或熔渣的化学腐蚀；对于铝与铜的连接，主要防止电化腐蚀，在连接前后，要采取措施，避免这类腐蚀的存在。否则，在长期运行中，接头易发生故障。

④绝缘性能好。接头的绝缘强度应与导线的绝缘强度一样。

2. 导线的连接方法

导线的连接一般分为以下两个步骤：绝缘层的剥削、导线的连接。这里分别介绍各步骤的工艺要求和操作方法。

（1）绝缘层的剥削

在导线连接前，需把导线端部绝缘层剥去，削剥绝缘层的方法要正确，如果方法不当，容易损伤芯线，缠胶布时会产生空隙。根据绝缘层的厚度和层数不同，有单层剥法、分段剥法及斜剥法三种剥切方法。

①单层绝缘线的剥削。芯线截面为 4mm² 以下的单层塑料硬线或单层塑料软线一般用钢丝钳或剥线钳剥削。用钢丝钳剥削导线的方法是：用左手捏住导线，根据线头长短用钢丝钳口切入导线绝缘层，但不可切断线芯。然后用右手握住钢丝钳头部用力向外勒出塑料绝缘层。用剥线钳剥削导线的方法是：确定剥削绝缘层的长度，然后把导线放入相应的刃口中，用右手握紧钳柄，导线的绝缘层即可剥去并弹出。

截面在 4mm² 以上的单层塑料硬线，可用电工刀剥削，方法是：根据所需的长度用电工刀以向内倾斜 45° 的角度切入绝缘层，刀面与芯线保持 25° 左右，用力向线端推削，削去上面绝缘层，但不可切入芯线，再将下面的塑料绝缘层向后扳起，用电工刀齐根切去，如图 1-2-17 所示。

图 1-2-17 用电工刀剥削硬导线绝缘层

②多层绝缘线的剥削。多层绝缘线要分层剥切，每层的剥切方法与单层绝缘线相同。对橡皮线，首先根据所需长度，在橡皮绝缘线棉纱织物层上用电工刀划破一圈，然后削去一长条棉纱织物层，再把余下的棉纱织物层削去，在距离棉纱织物层 10~12mm 处，用电工刀以 45° 的角度切入橡胶层，方法与单层绝缘线相同。对绝缘层比较厚的导线，采用斜剥法，即像削铅笔一样进行剥切。

不论哪一种方法，剥切时均不可割伤芯线，否则，会降低导线机械强度，且会因导线截面减少而增加导线电阻。绝缘层剥去的长度，依接头方法和导线截面不同而不同。

③塑料护套线绝缘层的剥削。塑料护套线的绝缘层必须用电工刀剥削，方法是：按所需长度用刀尖对准芯线缝隙划开护套层，向后翻起护套层，用电工刀齐根切去，如图 1-2-18 所示，在距离护套层 5~10mm 处，用电工刀以倾斜 45° 的角度切入绝缘层。其他剥削方法同单层绝缘硬线。

图 1-2-18 用电工刀剥削塑料护套线绝缘层

（2）导线的连接

①铜导线连接。铜导线的连接方法很多，有铰接、焊接、压接和螺栓连接等。不同的连接

方法适用于不同导线及不同工作地点。

a.单股铜导线连接。单股铜导线的连接，有铰接法和缠卷法两种，截面较小的导线，多用铰接法，截面较大的导线，因铰接困难，则多用缠卷法。图1-2-19（a）为铰接法中的直线连接，铰接时先将导线互绞3圈，然后将两线端扳直分别在另一线上紧密地缠5圈，余线剪掉，使端部紧贴导线。图1-2-19（b）为铰接法中的分支连接，铰接时可先用手将支线在干线上粗绞1~2圈，再用钢丝钳紧密地缠绕5圈，余线剪掉。

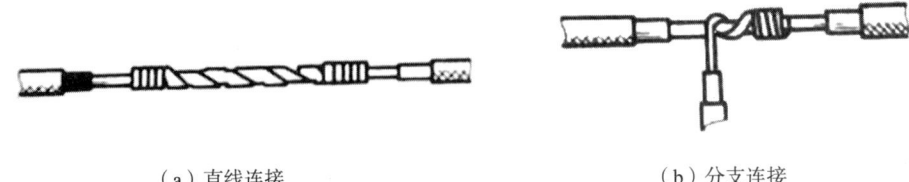

（a）直线连接　　　　　　　　　（b）分支连接

图1-2-19　单股铜导线的铰接法

图1-2-20（a）为缠卷法中的直接连接，先将两线端用钳子稍作弯曲，相互并合，中间加一根相同截面的辅助线，然后用直径约1.5mm的裸铜线紧密地缠卷在导线并合部分。缠卷长度约为导线直径的10倍。图1-2-20（b）为缠卷法中的分支连接，先将分支线作直角弯曲，并在其端部稍作弯曲，然后将两线并合，用裸导线紧密缠卷，缠卷长度同直线连接一样。

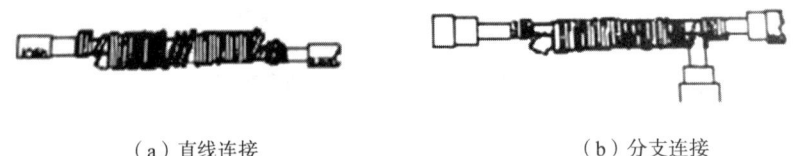

（a）直线连接　　　　　　　　　（b）分支连接

图1-2-20　单股铜导线的缠卷法

b.多股铜导线连接。多股铜线有单卷、复卷和缠卷三种方法。直线连接有两种，一种是用连接绑线缠绕连接，如图1-2-21所示，先把导线端部绝缘层去掉；然后把多股导线顺次分开成30°伞状，逐根拉直，用砂布将导线表面擦净，把中心线切断；再把两头多芯线对好，插进去成为一体，用1.5mm的铜线绑缠，接法与单芯直线缠绑相同。

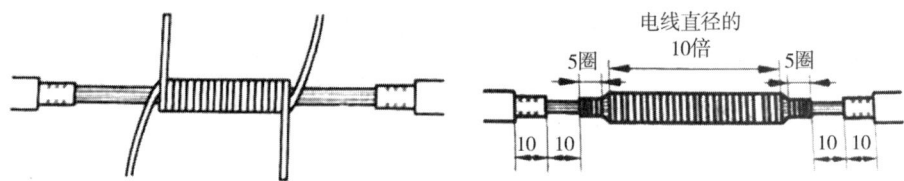

图1-2-21　绑线缠绕连接法

另一种是自身单卷连接法，如图1-2-22所示。先把多股导线线芯顺次分开，并剪去中心一股，再将各张开的线端相互插嵌成一体，将各线端拉直合拢。取任意两股同时缠绕5~6圈后，另换两股缠绕，把前两股压在里面或把它切断，再缠5~6圈，以此类推，缠到分开点为止。选择另两股导线互相扭绞3~4圈，余线切断，用钳子敲平，使其紧贴导线，再用同样方法做另一端。

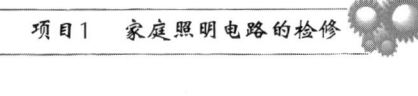

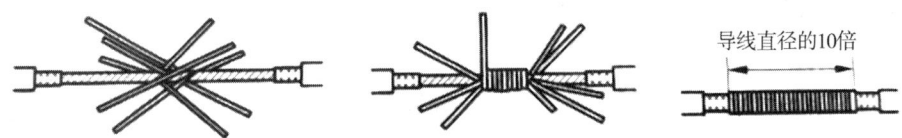

图 1-2-22 自身单卷连接法

分支连接如图 1-2-23 所示,做法是先将分支线端解开,拉直擦净,再用螺丝刀把干线撬开平均分为两组,然后将分支线插入缝隙间分为两组,分别按顺时针方向和逆时针方向缠绕 5 圈后,钳平线端。

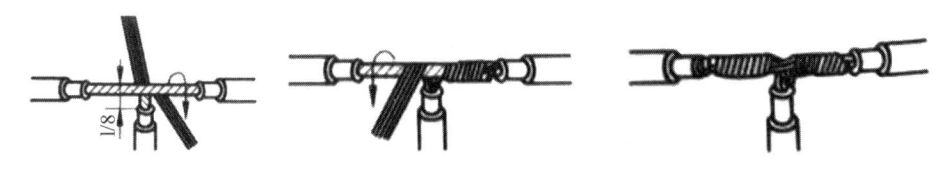

图 1-2-23 多股铜导线的分支连接法

c. 导线的压接。铜导线的压接,即采用相同尺寸的铜接管或钢接头,套在被连接的线芯上,用压接钳和模具进行冷态压接。这种方法的优点是操作工艺简便,适于现场施工,压接时一般只要每端压一个坑,就能满足接触电阻和机械强度的要求,但对机械强度要求较高的场合,可每端压两个坑。

②铝导线的连接。在内线工程配线中,铝导线的连接方法有压接、钎焊、气焊。由于铝极易氧化,且氧化膜的电阻率很高,所以禁止采用铰接和绑接。压接是内外线工程最常用的铝导线连接方法,压接又分为螺钉压接和压接管压接。

a. 螺钉压接法。螺钉压接法适用于负荷较小的单股铝导线的连接,方法是:把去掉绝缘层的铝芯线头用钢丝刷刷去表面的氧化膜,涂上中性凡士林。做直线连接时,先把每根导线的端部卷上 2~3 圈,以备线头断时再次连接用,然后把线头插入接线桥的接线桩上,旋紧接线桩上的螺钉即可,如图 1-2-24 所示。

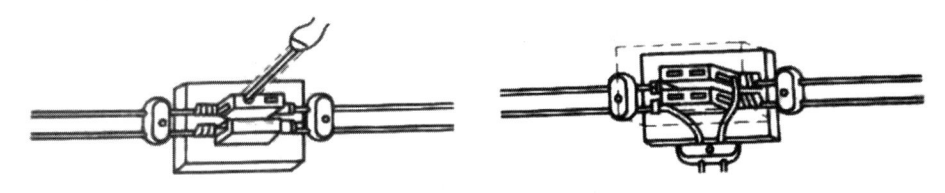

图 1-2-24 单股铝导线的螺钉压接法

b. 压接管压接法。压接管压接法适用于负荷较大的多股铝导线的连接,方法是:根据多股铝导线的规格选择合适的铝压接管,用钢丝刷刷去芯线表面和压接管内壁的氧化膜,涂上一层中性凡士林,然后把两根铝芯导线相对插入压接管,并使线端穿出压接管 25mm,最后压接。压接时,第一道压坑应在铝芯线端一侧,不可压反,压接坑的距离和数量应符合技术要求,如图 1-2-25 所示。

图 1-2-25 多股铝导线的压接管压接法

c.线头与接线桩的连接。在各种用电器或电气装置上均有连接导线的接线桩。常用的接线桩有针孔式和螺钉平压式两种。

线头与针孔式接线桩头的连接：在针孔式接线桩头上接线时，如果单股芯线与接线桩插线孔大小适宜，只要把芯线插入针孔，旋紧螺钉即可；如果单股芯线较细，则要把芯线折成双根再插入针孔；如果是多根细丝的软线芯绒，必须先绞紧，再插入针孔，切不可有细丝露在外面，以免发生短路事故。

线头与螺钉平压式接线桩头的连接：在螺钉平压式接线桩头上接线时，如果是较小截面的单股芯线，则必须把线头弯成"羊眼圈"，"羊眼圈"弯曲方向应与螺钉拧紧方向一致；较大截面单股芯线与螺钉平压式接线桩头连接时，线头要装上接线耳，由接线耳与接线桩连接。

（3）导线绝缘层的恢复

恢复绝缘常用的材料有黄蜡带、涤纶薄膜带和黑胶布。黄蜡带和黑胶带一般选用20mm宽，一字接头的导线绝缘层包扎方法如下。

将黄蜡带从导线左侧的绝缘层上开始包缠，包缠两根带宽后方可进入无绝缘层的线芯部分，如图1-2-26（a）所示，包缠时，黄蜡带与导线保持约55°的倾斜角，每圈叠压带宽的1/2，如图1-2-26（b）所示。包一层黄蜡带后，将黑胶布接在黄蜡带的尾端，按另一斜叠方向包缠一层黑胶布，也要每圈压叠带宽的1/2，如图1-2-26（c）和（d）所示。中间部位应多扎1~2层，使包完的形状似枣核，以防止雨水浸入。

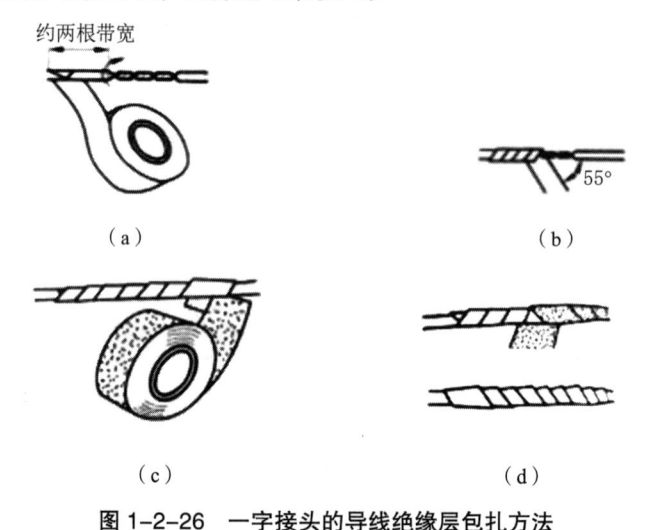

图1-2-26 一字接头的导线绝缘层包扎方法

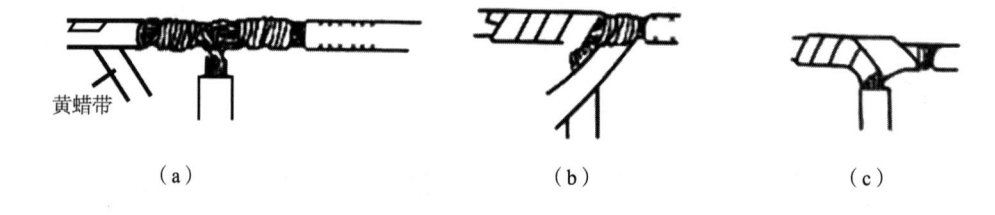

丁字接头的导线绝缘层包扎方法如图1-2-27所示。

（d） （e） （f） 黑胶带

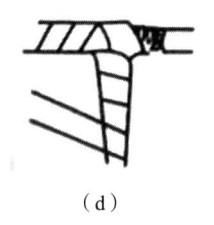

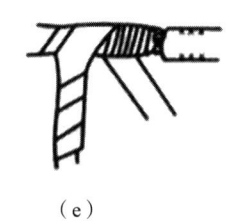

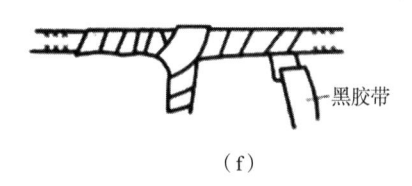

图 1-2-27 丁字接头的导线绝缘层包扎方法

用在 380V 线路上的导线恢复绝缘层时，首先要包缠 1~2 层黄蜡带，然后包缠 1 层黑胶带。

用在 220V 线路上的导线恢复绝缘层时，先包 1 层黄蜡带，然后包缠 1 层黑胶带，也可只包缠两层黑胶带。

双股线芯的导线连接时，用绝缘带将后圈压前圈 1/2 带宽正反各包缠一次，包缠后的首尾应压住原绝缘层一个绝缘带宽。

实训 4 导线连接与绝缘恢复

实训名称	导线连接与绝缘恢复
实训内容	练习不同类型的导线连接及绝缘恢复，掌握导线绝缘层的剥削和连接方法，以及导线的绝缘恢复的方法。
实训目标	1. 掌握导线绝缘层的剥削及连接； 2. 掌握导线的绝缘恢复
实训课时	2 课时
实训地点	电气设备装调实训室

练习题

1. 判断题

（1）常见的螺钉旋具有一字螺钉旋具和十字螺钉旋具。　　　　　　　　　　（　）
（2）去除导线绝缘部分的工具是剥线钳。　　　　　　　　　　　　　　　　（　）
（3）测量电流是将黑表笔插入"COM"，红表笔插入"V/Ω"插孔。　　　　（　）
（4）使用兆欧表测量线路绝缘时，将测量线接在线路两端。　　　　　　　　（　）
（5）银可以作为导线材料。　　　　　　　　　　　　　　　　　　　　　　（　）

2. 填空题

（1）低压验电笔由_____、_____、_____、_____、_____部分组成。
（2）剥线钳是用来_____的专用工具。
（3）使用电工仪表可以测量_____、_____、_____和_____等电工量。

3. 简答题

（1）请画出单相电度表的接线图。

（2）按照性能、结构、制造工艺及使用特点，电线线缆主要分为哪 5 类？

（3）简述兆欧表测量线路的绝缘电阻、测量电动机的相间绝缘电阻、测量电动机的接地绝缘电阻、测量电缆的绝缘电阻的方法。

任务完成报告

姓名		学习日期		
任务名称	常用电工工具的使用与导线的连接			
学习自评	考核内容		完成情况	
	1. 常用电工工具的使用		□好 □良好 □一般 □差	
	2. 电工测量工具认识		□好 □良好 □一般 □差	
	3. 电工材料的认识		□好 □良好 □一般 □差	
	4. 导线绝缘恢复的操作		□好 □良好 □一般 □差	
学习心得				

任务3　电子元器件检修

本任务讲解电子元器件的基本参数和使用方法。通过介绍电阻、电容、电感的概念和特点，引出对其维护检修的方法。重点内容为电阻、电容、电感的基本参数，难点内容为电子元器件的测量和使用。

本任务的最终目标是：完成电阻器、电容器、电感器、二极管的测量及数据的记录，判断元器件是否可用。

知识目标：
①了解电阻、电容、电感的基本参数；
②掌握电气元器件的使用。

能力目标：
①能够辨别常用电气元器件；
②能够测量、使用电子元器件。

学习内容：

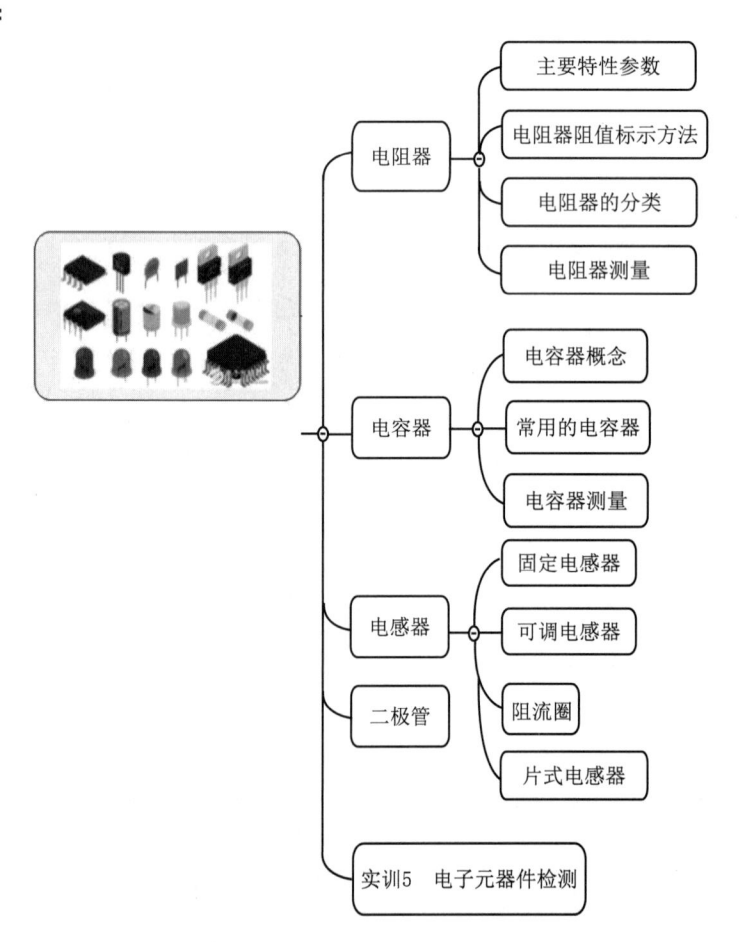

```
电阻器 ── 主要特性参数
        ── 电阻器阻值标示方法
        ── 电阻器的分类
        ── 电阻器测量

电容器 ── 电容器概念
        ── 常用的电容器
        ── 电容器测量

电感器 ── 固定电感器
        ── 可调电感器
        ── 阻流圈
        ── 片式电感器

二极管

实训5　电子元器件检测
```

一、电阻器

电阻器是既能导电又有确定电阻数值的元件。它主要用于控制和调节电路中的电流和电压（限流，分流，降压，分压，偏置等），或者作消耗电能的负载电阻。它没有极性，在电路中它的两根引脚可以交换连接。

1. 主要特性参数

①标称阻值：电阻器上面所标示的阻值。

②允许误差：电阻器的实际阻值对于标称阻值的最大允许偏差范围称为允许误差。标称阻值与实际阻值的差值与标称阻值之比的百分数称阻值偏差，它表示电阻器的精度。

允许误差与精度等级对应关系如下：±0.5%—0.05、±1%—0.1、±2%—0.2、±5%—Ⅰ级、±10%—Ⅱ级、±20%—Ⅲ级。

③额定功率：在正常的大气压力 90~106.6kPa 及环境温度为 -55~70℃ 的条件下，电阻器长期工作所允许耗散的最大功率。

④额定电压：由阻值和额定功率换算出的电压。

⑤最高工作电压：允许的最大连续工作电压。在低气压工作时，最高工作电压较低。

⑥温度系数：温度每变化 1℃ 所引起的电阻值的相对变化。温度系数越小，电阻的稳定性越好。阻值随温度升高而增大的为正温度系数，反之为负温度系数。

⑦老化系数：电阻器在额定功率长期负荷下，阻值相对变化的百分数，它是表示电阻器寿命长短的参数。

2. 电阻器阻值标示方法

①直标法：用数字和单位符号在电阻器表面标出阻值，其允许误差直接用百分数表示，若电阻上未注偏差，则均为 ±20%。

②文字符号法：用阿拉伯数字和文字符号两者有规律的组合来表示标称阻值，其允许偏差也用文字符号表示。符号前面的数字表示整数阻值，后面的数字依次表示第一位小数阻值和第二位小数阻值。

表示允许误差的文字符号为 D、F、G、J、K、M。

允许偏差为：±0.5%、±1%、±2%、±5%、±10%、±20%。

③数码法：在电阻器上用三位数码表示标称值的标志方法。数码从左到右，第一、二位为有效值，第三位为指数，即零的个数，单位为欧。偏差通常采用文字符号表示。

④色标法：用不同颜色的带或点在电阻器表面标出标称阻值和允许偏差。国外电阻大部分采用色标法。

黑—0、棕—1、红—2、橙—3、黄—4、绿—5、蓝—6、紫—7、灰—8、白—9、金 ±5%、银 ±10%、无色 ±20%，如图 1-3-1（a）所示。

当电阻为四环时，最后一环必为金色或银色，前两位为有效数字，第三位为乘方数，第四位为偏差，如图 1-3-1（b）所示。

当电阻为五环时，最后一环与前面四环距离较大。前三位为有效数字，第四位为乘方数，第五位为偏差，如图 1-3-1（b）所示。

（a）四色环电阻　　　　　　　　　（b）五色环电阻

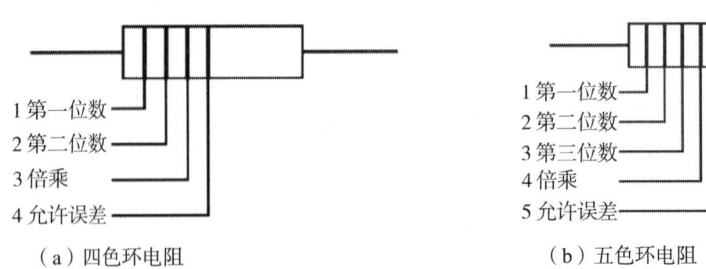

图 1-3-1　色标法标示电阻器阻值

表 1-3-1　电阻色标明细表

颜色	第一段	第二段	第三段	乘数	误差	
黑色	0	0	0	1	—	—
棕色	1	1	1	10	±1%	F
红色	2	2	2	100	±2%	G
橙色	3	3	3	1K	—	—
黄色	4	4	4	10K	—	—
绿色	5	5	5	100K	±5%	D
蓝色	6	6	6	1M	±0.25%	C
紫色	7	7	7	10M	±0.10%	B
灰色	8	8	8	—	±0.05%	A
白色	9	9	9	—	—	—
金色	—	—	—	0.1	±5%	J
银色	—	—	—	0.01	±10%	K
无	—	—	—	—	±20%	M

> 思考：
> 四色环电阻的阻值含义是什么？
>
> [图：四色环电阻，色环为黑、黑、黑、红]

3. 电阻器的分类

（1）固定电阻

①碳膜电阻器。碳膜电阻器是用有机黏合剂将碳墨、石墨和填充料配成悬浮液涂覆于绝缘基体上，经加热聚合而成。气态碳氢化合物在高温和真空中分解，碳沉积在瓷棒或者瓷管上，形成一层结晶碳膜，如图 1-3-2 所示。

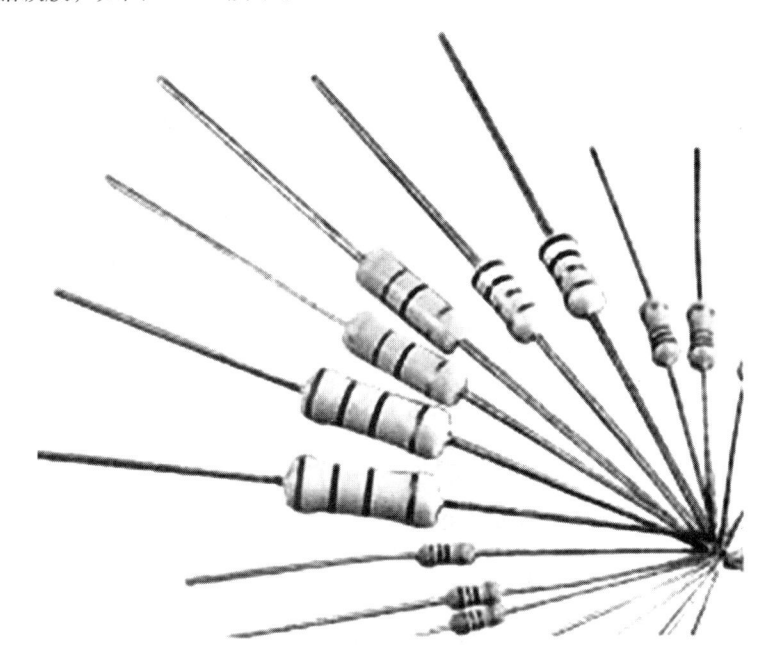

图 1-3-2 碳膜电阻器

通常碳膜电阻器的阻值误差是 ±5%，阻值范围为 1Ω~10MΩ。额定功率有 0.125W、0.25W、0.5W、1W、2W、5W、10W 等。碳膜电阻器常用符号 RT 作标志，R 代表电阻器，T 代表材料是碳膜，例如，一只电子枪外壳上标有 RT47kI 的字样，就表示这是一只阻值为 47kΩ 的碳膜电阻器。

碳膜电阻器成本低、性能稳定、阻值范围宽、温度系数低，是用于一般用途、价格便宜的电阻器，应用最广泛。

②金属膜电阻器。金属膜电阻器是用真空蒸发的方法将合金材料蒸镀丁陶瓷棒骨架表面制成的。它比碳膜电阻器的精度高、稳定性好、噪声小、温度系数小。被用于模拟电路中，在仪器仪表及通信设备中也被大量采用，如图 1-3-3 所示。

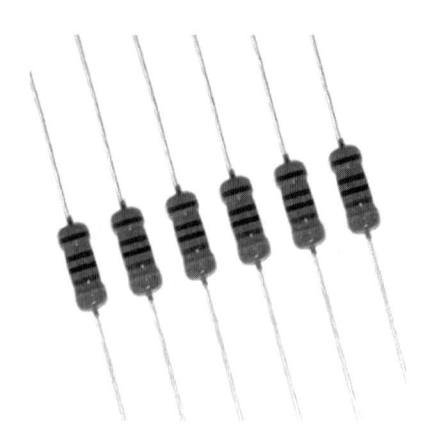

图 1-3-3　金属膜电阻器

金属膜电阻器的阻值误差可以精确到 ±0.05%，但在业余机器人制作电路中，电阻器的误差为 ±1% 就够了。

（2）可变电阻器

可变电阻器阻值可以按照需要在它的标称范围内改变。它是靠可动触点在电阻体上的滑动，来取得与电刷位移成一定关系的电阻值变化。它在交直流电路中用来调节电压、电流。以 RP 为标志，说明它有可调节功能，包括电位器和可调电阻器。

①电位器。电位器实际上就是可变电阻器，由于它在电路中的作用是获的与输入电压（外加电压）成一定关系的输出电压，因此称为电位器。电位器阻值的单位与电阻器相同，基本单位也是欧姆，用符号 Ω 表示。电位器在电路中用字母 R 或 RP（旧标准用 W）表示，如图 1-3-4 所示。

图 1-3-4　电位器

电位器由外壳、滑动轴、电阻体和三个引出端组成。电位器可分为以下几种：

a. 合成碳膜电位器，阻值范围宽，分辨率高，能制成各种类型电位器，寿命长，价格低，型号多，但电流噪声大，非线性大，耐潮性以及阻值稳定性差，其用途广泛。

b. 有机实芯电位器，具有耐热性好，功率大，可靠性好，耐磨性好的优点，缺点是温度系数大，动噪声大，耐潮性较差，制造工艺复杂，阻值精度较差，在小型化、高耐磨性的电子设备以及交直流电路中作调节电压、电流之用。

c. 线绕电位器，具有接触电阻小，精度高，温度系数小的特点，但分辨率差，阻值偏低，高频特性差。主要用作分压器，变阻器，仪器中调节零点和工作点。

d. 金属膜电位器，分辨率好，耐高温，温度系数小，动噪声小，平滑性好。

②可调电阻器。它在电路调试时用来精细地调整电路的运行状态。在一般情况下，可调电阻器一旦调试好，就不需要再调节。按可变电阻器轴柄的旋转角度与组织变化关系，可变电阻器分为指数式、直线式、对数式三种类型。通常使用的是直线式可变电阻器。

（3）光敏电阻器

制造光敏电阻器（图1-3-5）的典型材料有硫化镉及硒化镉两种。光敏电阻器的沉积膜面积越大，其受光照时的阻值变化越大，光敏电阻器也就越灵敏。光敏电阻器的文字标注为RL，表示它对光线敏感，硫化镉光敏电阻器在电路图中通常标注为CdS。光敏电阻器没有极性，在接入电路时，它的两只引脚可以任意交换连接位置。它可用于光传感器。

图1-3-5 光敏电阻器

（4）热敏电阻器

热敏电阻器（图1-3-6）是对温度的变化特别敏感的电阻器，它的阻值根据温度而改变，大多数是用半导体材料制成的，可用于制作温度传感器，它的文字标注是RT。热敏电阻器用途十分广泛，主要应用于：利用电阻—温度特性来测量温度、控制温度和元件、器件、电路的温度补偿；利用非线性特性完成稳压、限幅、开关、过流保护作用；利用不同媒质中热耗散特性的差异测量流量、流速、液面、热导、真空度等；利用热惯性作为时间延迟器。

图1-3-6 热敏电阻器

（5）压敏电阻器

压敏电阻器（图1-3-7）是具有非线性伏安特性并有抑制瞬态过电压作用的固态电压敏感

元件。当端电压低于某一阈值时,压敏电阻器的电流几乎等于零;超过此阈值时,电流值随端电压的压敏电阻器增大而急剧增加。压敏电阻器的非线性伏安特性是由压敏体(或称压敏结)电压降的变化而引起的,所以又称为非线性电阻器。

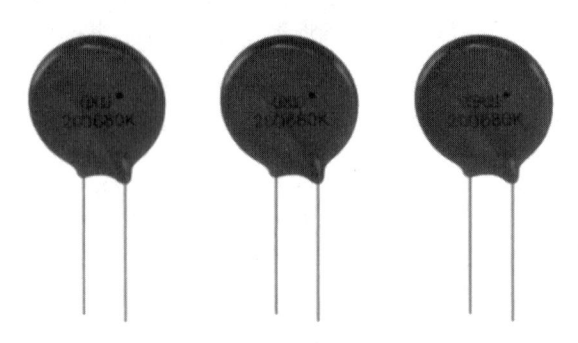

图 1-3-7 压敏电阻器

压敏电阻器主要用于限制有害的大气过电压和操作过电压,能有效地保护系统或设备。用氧化锌压敏材料制成高压绝缘子,既有绝缘作用,又能实现瞬态过电压保护。此外,压敏电阻器在电子电路中可用于消火花、消噪音、稳压和函数变换等。

> **分组讨论:**
> 测量车辆载重用电路使用什么电阻?夜晚自动亮起的路灯电路使用什么电阻?
> 温室大棚中温度下降后自动供热电路使用什么电阻?温敏电阻的使用环境是什么?

4. 电阻器测量

将黑表笔插入"COM",红表笔插入"V/Ω"插孔,当输入端开路时,屏幕显示过载符号"1."。测量电阻时将电阻接在红、黑表笔之间,量程开关转至相应的电阻量程上,显示屏显示的数值即被测电阻值。如果电阻值超过所选量程,则显示屏会显示过载符号,这时应将开关转到高一挡上。

二、电容器

1. 电容器概念

电容器是由两个金属电极中间夹一层电介质构成的,它是一个储能元件。在直流电路中,电容器相当于断路。它有隔直流、通交流的特性。可以完成滤波旁路级间耦合以及电感线圈组成振荡回路等功能。

2. 常用的电容器

(1)纸介电容器

电极用铝箔或锡箔,绝缘介质是浸腊的纸,相叠后转成圆柱形,外包防潮物质。纸介电容器(图 1-3-8)因比率电容大、电容范围宽、工作电压高、成本低而广泛使用,缺点是稳定性差、损耗大,只能应用于低频或直流电路,目前已被合成膜电容取代,但在高压纸介电容中还有一席之地,如图 1-3-8 所示。

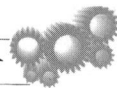

图 1-3-8 纸介电容器

（2）有机薄膜电容器

有机薄膜电容器（图1-3-9）主要有聚丙烯膜和聚酯膜两种介质的电容器，其特点是寿命长，高频损耗极低，性能稳定，有较高的精度，可用于高频电路中，体积小，容量大，稳定性好。

图 1-3-9 有机薄膜电容器

（3）铝电解电容器

铝电解电容器是用浸有糊状电解质的吸水纸夹在两条铝箔中间卷绕而成的。铝电解电容器具有极性，引脚长的为正极，短的为负极。它的体积小、容量大、损耗大、漏电大，应用于电源滤波，低频耦合，去耦，旁路等。

（4）钽电解电容器

钽电解电容器是一种用金属钽（Ta）作为阳极材料而制成的，按阳极结构的不同可分为箔式和钽烧粉结式两种，在钽粉烧结式钽电容器中，又因工作电解质不同，分为固体电解质的钽电容器和非固体电解质的钽电容器。

钽电解电容器的主要特点是寿命长，损耗小，性能稳定，有较高的精度，可用于高频电路中，体积小，容量大，稳定性好。电容器不仅在军事通信，航天等领域广泛使用，而且在影视设备、通信仪表等产品中也大量使用。

（5）云母电容器

云母电容器是性能优良的高频电容器之一，广泛应用于对电容的稳定性和可靠性要求高的场合。

云母电容器（图1-3-10）：电容量为 $10pF \sim 0.1\mu F$，额定电压为 $100V \sim 7kV$。主要特点：高稳定性，高可靠性，温度系数小。它主要应用于高频振荡、脉冲等要求较高的电路。

图 1-3-10 云母电容器

（6）瓷介电容器

以高介电常数、低损耗的陶瓷材料为介质，其体积小、损耗小、温度系数小，可工作在超高频范围，但耐压较低（一般为60~70V），容量较小（一般为1~1000pF）。为克服容量小的缺点，现在采用了铁电陶瓷和独石电容。它们的容量分别可达680~0.047pF和0.01pF~2μF，但其温度系数大、损耗大、容量误差大。

3. 电容器测量

电容器的损坏有3种情况：开路、短路、漏电。

测量原理：利用电容器充放电不同的特性。

测量仪器：万用表。

数字式万用表测量电容器的方法有三种，如图1-3-11所示。

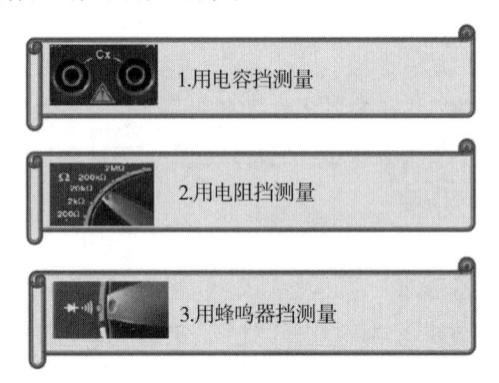

图 1-3-11 数字式万用表测量电容器

（1）用电容挡测量

某些数字万用表具有测量电容的功用，其量程分为2000pF、20nF、200nF、2μF和20μF五档。测量时可将已放电的电容两引脚直接插入表板上的Cx插孔，选取适当的量程后就可读取显示数据。

2000pF挡，宜于测量小于2000pF的电容；20nF档，宜于测量2000pF至20nF之间的电容；200nF档，宜于测量20nF至200nF之间的电容；2μF档，宜于测量200nF~2μF的电容；20μF档，宜于测量2~20μF的电容。

有些型号的数字万用表（比如DT890B＋）在测量50pF以下的小容量电容器时误差较大，测量20pF以下电容几乎没有参考价值。此时可采用串联法测量小值电容。方法是：先找一只

220pF 左右的电容，用数字万用表测出原本电容量 C_1，然后把待测小电容与之并联测出其总容量 C_2，则两者之差（C_1-C_2）即待测小电容的容量。用此法测量 1～20pF 的小容量电容很精确。测量如图 1-3-12 所示。

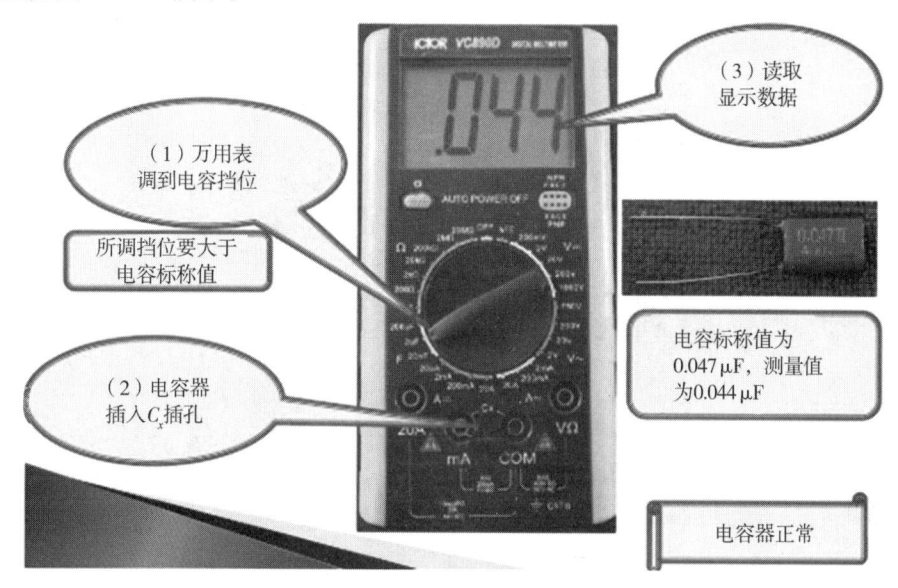

图 1-3-12　用电容挡测量

（2）用电阻挡测量

将数字万用表拨至适宜的电阻，红表笔和黑表笔分别接触被测电容器 C_x 的两极，这时显示值将从"000"开始逐渐添加，直至显示溢出符号"1"。若不断显示"000"，表明电容器内部短路；若不断显示溢出，则可能是电容器内部极间开路，也可能是所挑选的电阻挡不适宜。检验电解电容器时须留意，红表笔（带正电）接电容器正极，黑表笔接电容器负极。用电阻挡测量如图 1-3-13 所示。

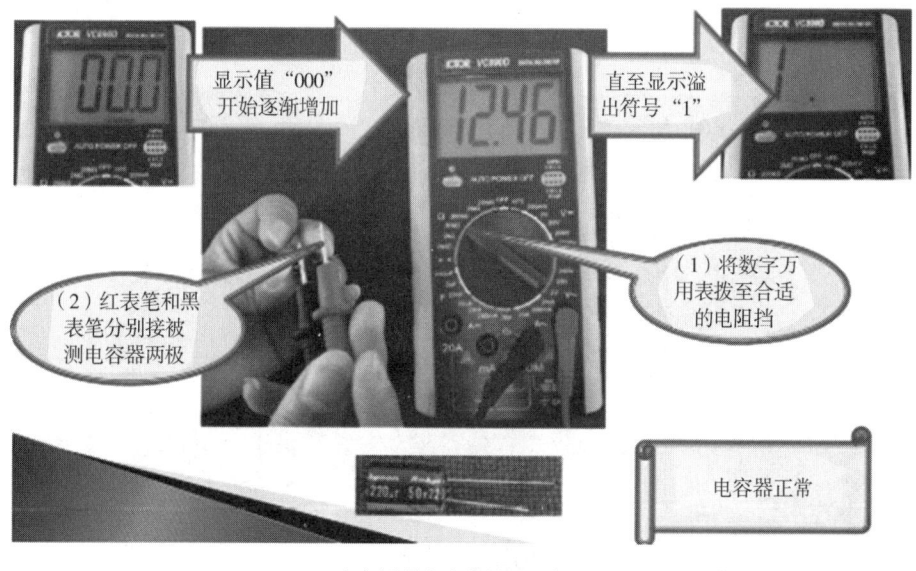

（a）测量电容器是否正常

图 1-3-13

若始终显示"000",则电容器短路

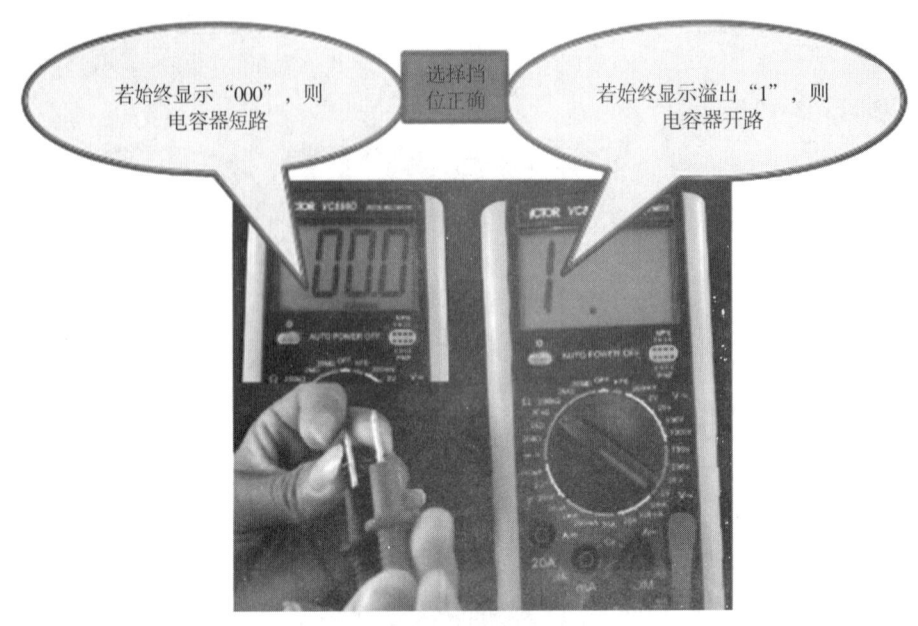

选择挡位正确

若始终显示溢出"1",则电容器开路

(b)电容器短路和开路测量

图 1-3-13　用电阻挡测量

(3)用蜂鸣器挡测量

使用数字万用表的蜂鸣器挡,可以高速检验电解电容器的质量好坏。将数字万用表拨至蜂鸣器挡,用两支表笔分别与被测电容器 C_x 的两个引脚接触,应能听到一阵急促的蜂鸣声,随即声响中止,同时显示溢出符号"1"。接着,再将两支表笔对调测量一次,蜂鸣器应再发声,开头显示溢出符号"1",此种情况表明被测电解电容基本正常。此时,可再拨至 20MΩ 或 200MΩ 高阻挡测量一下电容器的漏电阻,即可判别其好坏。用蜂鸣器挡测量如图 1-3-14 所示。

(1)将数字万用表拨至蜂鸣器挡

(4)最终显示溢出符号"1"

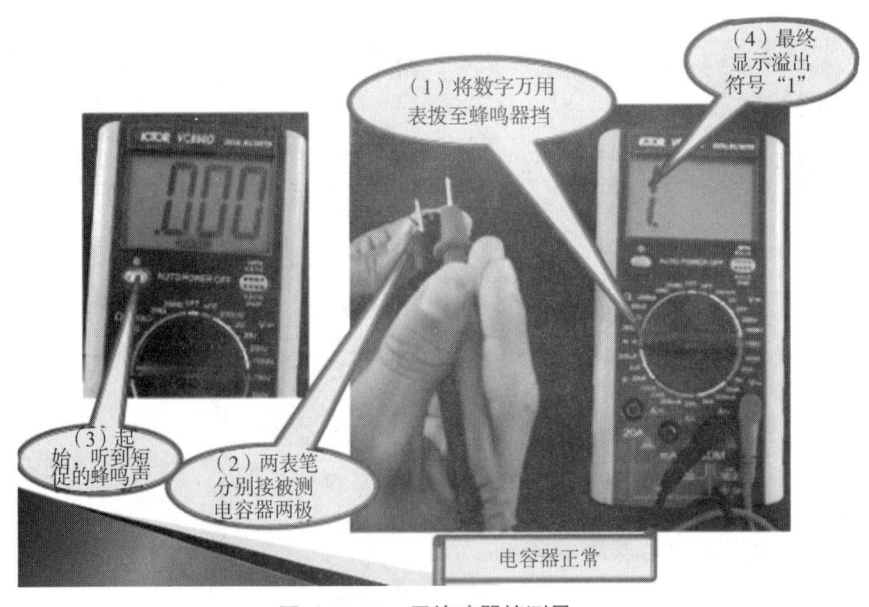

(3)起始听到短促的蜂鸣声

(2)两表笔分别接被测电容器两极

电容器正常

图 1-3-14　用蜂鸣器挡测量

三、电感器

电感器是用漆包线在绝缘骨架上绕制而成的一种能够存储磁场能的电子器件，有时又称电感线圈。在电路中，电感器具有阻流，变压，传送信号等作用。选择电感线圈时主要考虑电感量，品质因数，分布电容，允许偏差及额定电流，具有通直流、阻交流的作用。它是利用电磁感应的原理进行工作的。

电感器还有筛选信号、过滤噪声、稳定电流及抑制电磁波干扰等作用。

1. 固定电感器

固定电感器（图1-3-15）可分为：单层线圈、多层线圈、蜂房式线圈以及具有磁芯的线圈等。电感量直接标注在外壳上，固定电感器有立式和卧式两种。其电感量一般为 $0.1 \sim 13000 \mu H$。电感量的允许误差用Ⅰ、Ⅱ、Ⅲ即 $\pm 5\%$、$\pm 10\%$、$\pm 20\%$，表示直接标在电感器上。工作频率为 10kHz~200MHz。

固定电感器为了减小体积，往往根据电感量和最大直流工作电流的大小，选用相应直径的导线在磁芯上绕制，然后装入塑料外壳，再用环氧树脂封装。

它主要运用在滤波，振荡，延迟等电路中。

图1-3-15 固定电感器

2. 可调电感器

这种线圈在高频高阻的情况下产生的电容最小，调节磁芯与线圈的相对位置，可以改变这种线圈的电感量，如图1-3-16所示。常用的可调电感线圈有半导体收音机用振荡线圈，电视机用行振荡线圈，中频陷波线圈。

图1-3-16 可调电感器

3. 阻流圈

阻流电感线圈在电路中的作用是限制交流电流通过，可以分为高频阻流圈和低频阻流圈。其中，低频阻流圈又可分为滤波阻流圈和音频阻流圈。

高频阻流圈用于阻止高频信号通过，其特点是电感量小，要求损耗小，分布电容小。因此，多采用线圈的分段绕制及陶瓷骨架。低频阻流圈用以阻止低频信号通过。其特点是电感量要比高频阻流圈大得多，多数为几十亨利。多采用硅钢片、铁体、坡莫合金等作为铁芯。它多用于电源滤波电路、音频电路中。

4. 片式电感器

片式电感器（图1-3-17）也称表面贴装电感器，它与其他片式元器件（SMC及SMD）一样，是适用于表面贴装技术（SMT）的新一代无引线或短引线微型电子元件。其引出端的焊接面在同一平面上。片式电感器主要有4种类型，即绕线型、叠层型、编织型和薄膜片式电感器。其用途有贴片电感，插件电感，功率电感。

图1-3-17 片式电感器

四、二极管

①二极管也称晶体二极管，是由空穴型p型半导体和电子型n型半导体结合而成的PN结。

②特点：单向导电性，正向导通，反向截止。

③在电路中的作用：整流、稳压、开关、检波、变容、触发。

④二极管的分类

a. 按材料分：硅二极管、锗二极管。

b. 按用途分：整流二极管、开关二极管、稳压二极管、发光二极管等。

⑤识别方法：二极管的识别很简单，小功率二极管的N极（负极），在二极管外表大多采用一种色圈标出来，有些二极管也用二极管专用符号来表示P极（正极）或N极（负极），也有采用符号标志为"P""N"来确定二极管极性的。发光二极管的正负极可用引脚长短来识别，长脚为正，短脚为负。

⑥测试注意事项：用数字式万用表去测二极管时，红表笔接二极管的正极，黑表笔接二极管的负极，此时测得的阻值才是二极管的正向导通阻值，这与指针式万用表的表笔接法刚好相反。

实训 5　电子元器件检修

实训名称	电子元器件检修
实训内容	电阻器、电容器、电感器、二极管的检测方法
实训目标	1. 掌握检测工具的使用方法； 2. 能够检测电阻器、电容器、电感器、二极管
实训课时	2 课时
实训地点	电气设备装调实训室

练习题

1. 选择题

下列电阻中阻值固定的电阻是（　　　）。

A. 碳膜电阻　　　　B. 光敏电阻　　　　C. 温敏电阻　　　　D. 压敏电阻

2. 填空题

（1）电阻值标示法有＿＿＿＿＿＿＿＿＿、＿＿＿＿＿＿＿＿＿。

（2）电容器是由两个金属电极中间夹一层电介质构成的，相当于＿＿＿＿＿＿＿。

3. 简答题

（1）简述四色环电阻的阻值。其中，第一色环红色、第二色环红色、第三色环棕色、第四色环黄色。

（2）简述电位器的组成和特点。

任务完成报告

姓名		学习日期	
任务名称	电子元器件线路检修		
学习自评	考核内容	完成情况	
	1. 电子元器件基本参数	□好 □良好 □一般 □差	
	2. 电子元器件使用	□好 □良好 □一般 □差	
学习心得			

任务4 照明电路线路维修

家庭照明电路是与我们的生活密切相关的基本电路。本任务讲解照明电路的电气图、控制原理、典型故障分析以及家庭用电设备。其中，重点内容为照明电路的故障分析，难点内容为家庭照明电路电气控制原理。

本任务的最终目标是：根据照明电路原理图，完成家庭照明电路故障的排除。

知识目标：

①了解家庭用电设备类型及原理；

②掌握照明电路的电气图纸识读方法；

③掌握照明电路的典型故障分析方法。

能力目标：

①能够使用家庭用电设备；

②能够识读照明电路电气图纸；

③能够分析照明电路的故障。

学习内容：

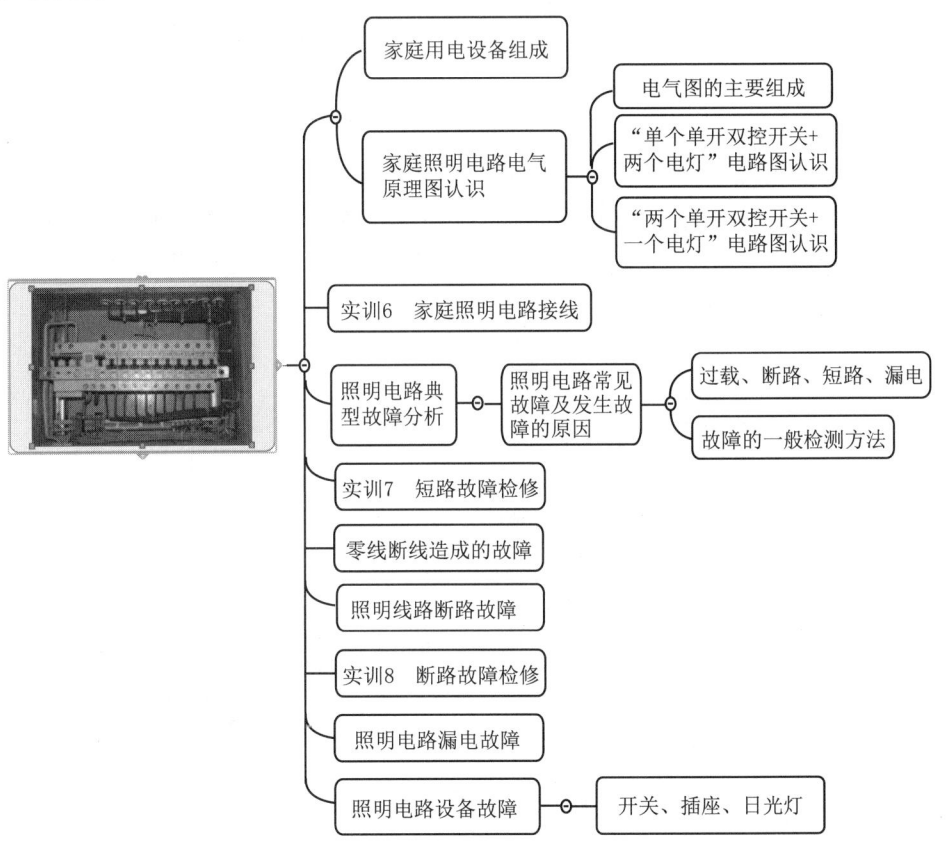

```
              ┌── 家庭用电设备组成
              │
              │                        ┌── 电气图的主要组成
              │                        │
              ├── 家庭照明电路电气 ────┼── "单个单开双控开关+
              │   原理图认识            │    两个电灯"电路图认识
              │                        │
              │                        └── "两个单开双控开关+
              │                             一个电灯"电路图认识
              │
              ├── 实训6  家庭照明电路接线
              │
              │                   ┌── 照明电路常见    ┌── 过载、断路、短路、漏电
              ├── 照明电路典 ────┤   故障及发生故 ──┤
              │   型故障分析       │   障的原因        └── 故障的一般检测方法
              │
              ├── 实训7  短路故障检修
              │
              ├── 零线断线造成的故障
              │
              ├── 照明线路断路故障
              │
              ├── 实训8  断路故障检修
              │
              ├── 照明电路漏电故障
              │
              └── 照明电路设备故障 ──── 开关、插座、日光灯
```

一、家庭用电设备组成

家庭用电设备一般由电能表、总开关、漏电保护断路器、开关、插座、用电设备等组成。不同用电设备用导线连接，就构成了完整的家庭照明系统。常用家庭用电设备如图 1-4-1 所示。

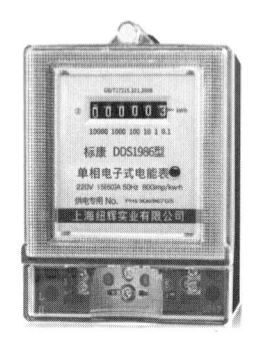

(a) 电能表 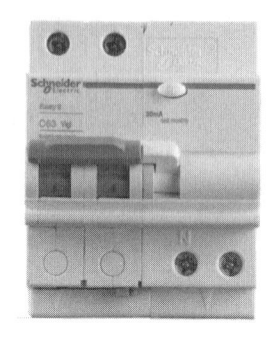　　　(b) 漏电保护断路器 　　　(c) 闸刀开关

(d) 开关 　　　(e) 插座 　　　(f) 用电设备

图 1-4-1　常用家庭用电设备

家庭用电电路电源为 220V 正弦交流电，一般组成连接如图 1-4-2 所示。220V 电源通过导线进入用户，首先通过电能表，统计用户用电量。从电能表出来后到总开关（闸刀开关），然后经过一个保险盒（漏电保护断路器），通过并联电路分为不同的功能支路（主要包括照明支路、普通两口插座支路以及大功率三口插座电路）。

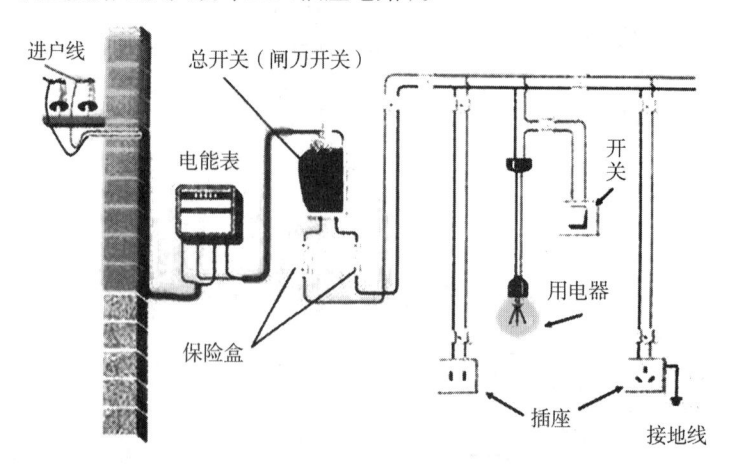

图 1-4-2　家庭电路基本组成

1. 电能表

电能表（图1-4-3）是用来记录用户使用电量的多少设备，又称电度表、火表、千瓦小时表。

使用电能表时要注意，在低电压（不超过500V）和小电流（几十A）的情况下，电能表可直接接入电路进行测量。在高电压或大电流的情况下，电能表不能直接接入线路，需配合电压互感器或电流互感器使用。

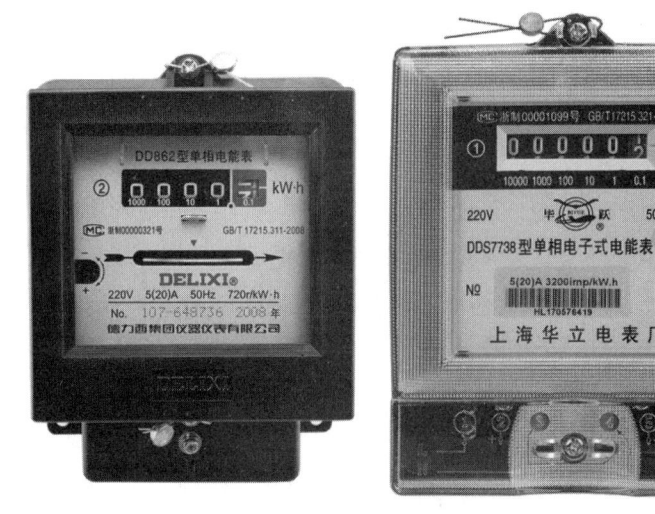

图1-4-3 电能表

（1）电能表的接线

家庭用电能表都是单相电能表，单相电表从左到右有四个接线端，依次为1、2、3、4。接线方法一般有两种，分别为：

①顺入式：1进火，2出火，3进零，4出零。

②跳入式：1进火，2进零，3出火，4出零。

一般情况下，在电表接线处的外壳上，都有接线图，看一下接线图，照图连接就可以了，如图1-4-4所示。

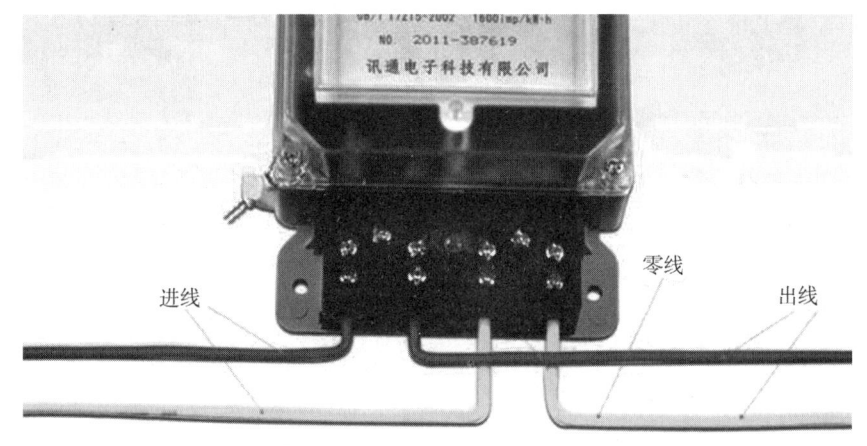

图1-4-4 单相电能表顺入式接线图

（2）电能表的电气图符号

在电气原理图中，电能表的文字表示为"PJ"，图形符号如图1-4-5所示。

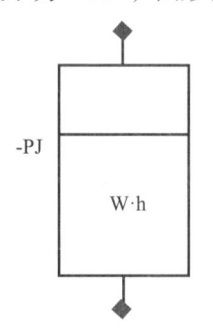

图1-4-5 电能表图形符号

2. 漏电保护器

漏电保护器，简称漏电开关，又叫漏电断路器，主要用来在设备发生漏电故障时以及对有致命危险的人身触电保护，具有过载和短路保护功能，可用来保护线路或电动机的过载和短路，亦可在正常情况下作为线路的不频繁转换启动之用。

（1）漏电保护器的功能

当电网发生人身（相与地之间）触电事故时，能迅速切断电源，可以使触电者脱离危险，或者使漏电设备停止运行，从而避免触电而引起人身伤亡、设备损坏或火灾的发生，常见低压漏电保护器如图1-4-6所示。

图1-4-6 漏电保护器

（2）漏电保护器的分类

漏电保护器可以按保护功能、结构特征、安装方式、运行方式、极数和线数、动作灵敏度等分类。按保护功能和用途，一般可分为漏电保护继电器、漏电保护开关和漏电保护插座三种。

①漏电保护继电器。漏电保护继电器是指具有对漏电电流检测和判断的功能，而不具有切断和接通主回路功能的漏电保护装置。漏电保护继电器由零序互感器、脱扣器和输出信号的辅助接点组成。它可与大电流的自动开关配合，作为低压电网的总保护或主干路的漏电、接地或绝缘监视保护。常见漏电保护继电器如图1-4-7所示。

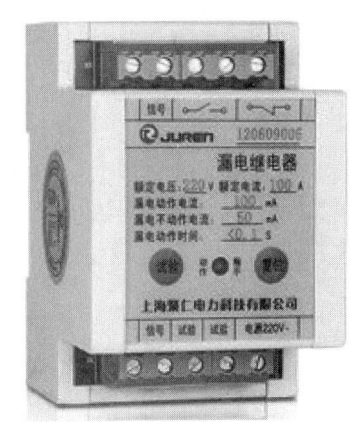

图 1-4-7 漏电保护继电器

②漏电保护开关。它不仅与其他断路器一样可将主电路接通或断开，而且具有对漏电电流检测和判断的功能，当主回路中发生漏电或绝缘破坏时，漏电保护开关可根据判断结果将主电路接通或断开，如图 1-4-8 所示。它与熔断器、热继电器配合可构成功能完善的低压开关元件。

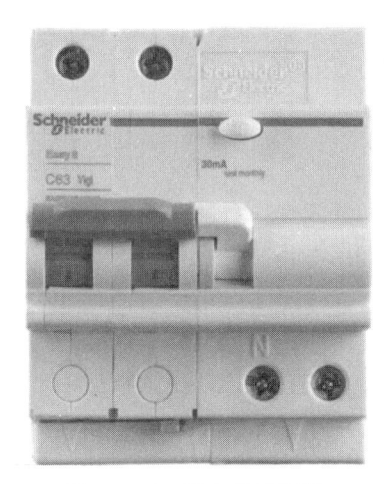

图 1-4-8 漏电保护开关

目前这种形式的漏电保护装置应用最为广泛，市场上的漏电保护开关根据功能常用的有以下几种：

a. 只具有漏电保护断电功能，使用时必须与熔断器、热继电器、过流继电器等保护元件配合；

b. 同时具有过载保护功能；

c. 同时具有过载、短路保护功能；

d. 同时具有短路保护功能；

e. 同时具有短路、过负荷、漏电、过压、欠压功能。

③漏电保护插座。它能对漏电电流进行检测和判断并能切断回路。其额定电流一般为 20A 以下，漏电动作电流为 6~30mA，灵敏度较高，常用于手持式电动工具和移动式电气设备的保护及家庭、学校等民用场所。漏电保护插座如图 1-4-9 所示。

图 1-4-9 漏电保护插座

（3）漏电保护开关接线及说明

漏电保护开关火线及零线的接线方法及型号说明如图 1-4-10 所示。

图 1-4-10 漏电保护开关接线说明

（4）漏电保护开关的电气图形和文字符号

漏电保护开关的电气图形及文字符号，如图 1-4-11 所示。

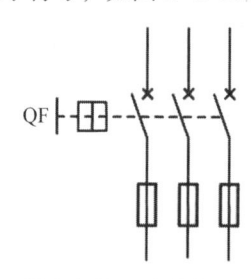

图 1-4-11 漏电保护开关的电气图形及文字符号

漏电保护器仅仅是防止发生触电事故的一种有效措施，不能过分夸大其作用，最根本的措施是防患于未然。

3.闸刀开关

（1）闸刀开关的作用

闸刀开关通常由瓷底、闸刀、进线座、出线座、保险丝和手柄等构成，如图 1-4-12 所示。只作为电源阻隔用的刀开关则不需要灭弧设备。用于电解、电镀等设备中的大电流刀开关的额定电流可高达数万安。这类刀开关通常选用多回路导体并联的构造，并可用水冷却的方法散热来提高刀开关导体所能承载的电流密度。

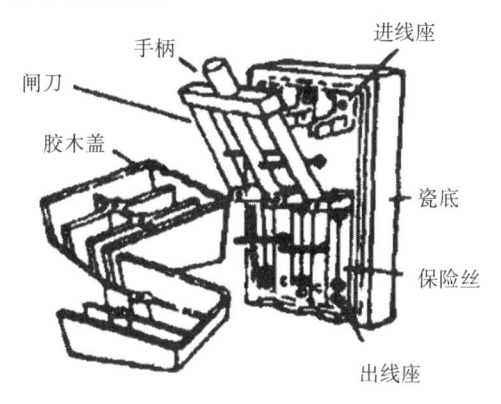

图 1-4-12 闸刀开关结构

闸刀开关在电路中要求能接受短路电流产生的电动力和热的作用。因而，在刀开关的构造设计时，要保证在很大的短路电流作用下，触刀不会弹开、焊牢或焚毁。对要求分断负载电流的刀开关，则装有疾速刀刃或灭弧室等灭弧设备。

（2）闸刀开关作业原理

闸刀开关是一种手动配电电器。它不仅可用来阻隔电源或手动接通与断开交直流电路，也可用于不频繁地接通与分断额定电流以下的负载，如小型电动机、电炉等。

闸刀刀开关是经济但技术指标偏低的一种刀开关。闸刀开关也称开启式负荷开关。它主要由触刀、静触头操作瓷柄、熔丝、进线及出线接线座组成，这些导电部分都固定在瓷底板上，且用胶盖盖着。所以当闸刀合上时，操作人员不会触及带电部分。

（3）闸刀开关接线及说明

闸刀开关火线及零线的接线方法如图 1-4-13 所示。

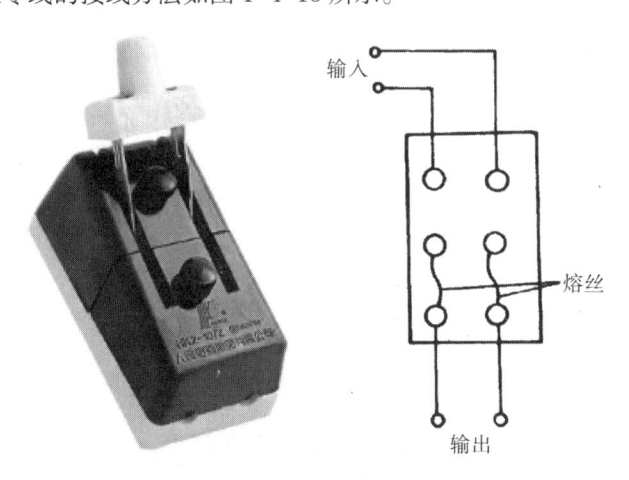

图 1-4-13 闸刀开关火线及零线的接线方法

（4）闸刀开关的电气图形和文字符号

闸刀开关图形及文字符号如图 1-4-14 所示。

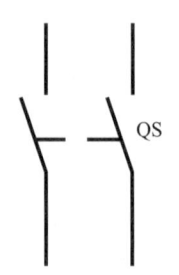

图 1-4-14　闸刀开关图形及文字符号

4. 家庭用电设备

家庭用电设备中最常用的有白炽灯、荧光灯（又称节能灯）、日光灯等。

（1）白炽灯

常用白炽光源瓦数为 40W、60W。其特点是：显色性好，开灯即亮，可连续调光，结构简单，价格低廉，但寿命短、光效低。白炽光源如图 1-4-15 所示。

图 1-4-15　白炽灯

（2）荧光灯

荧光灯与白炽灯相比具有灯光柔和、发光效率高、显色性能优良、寿命长等优点，而且色调及外形多样化，可以满足不同场合的需要。其特点是：光效高、寿命长、光色好。荧光灯如图 1-4-16 所示。

图 1-4-16　荧光灯

（3）日光灯

日光灯主要由灯管、启动器、镇流器组成，其结构如图1-4-17所示。

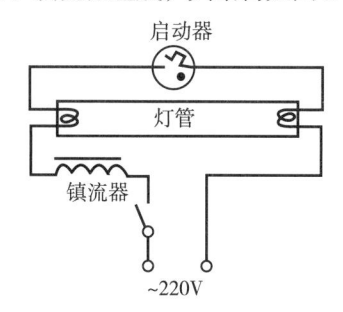

图1-4-17 日光灯结构

①灯管。灯管由内壁涂有荧光粉的玻璃管、灯丝、灯头、灯脚组成，灯管内的水银蒸汽导电，发出紫外线，使管壁上的荧光粉发出白光；要激发水银蒸汽导电需要很高的电压，日光灯正常工作时又要比220V低很多的电压。日光灯管结构如图1-4-18所示。

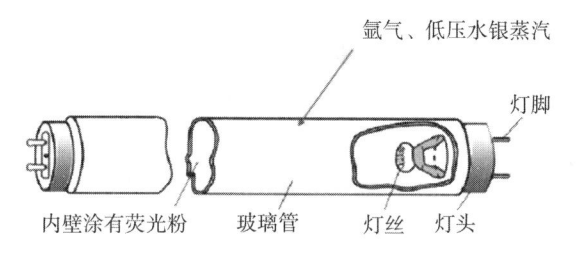

图1-4-18 灯管结构

②启动器。启动器又名启辉器、起动器，由封在玻璃泡中的静触片和U形动触片组成，玻璃泡中充有氖气。当两个触片间加上一定的电压时，氖气导电、发光、发热，动触片稍稍伸开一些，和静触片接触。启动器结构如图1-4-19所示。

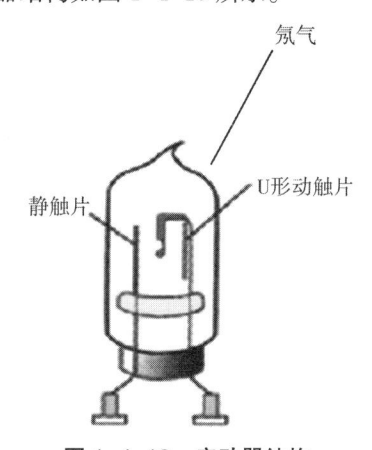

图1-4-19 启动器结构

③镇流器。镇流器是一个带铁芯的自感线圈，自感系数很大。镇流器在启动器把电路突然中断的瞬间，由于自感现象而产生一个瞬时高压加在灯管上，使日光灯管成为通路开始发光。日光灯正常工作时，由于自感现象镇流器的线圈中产生自感电动势阻碍电流变化，起到降压作用。镇流器如图1-4-20所示。

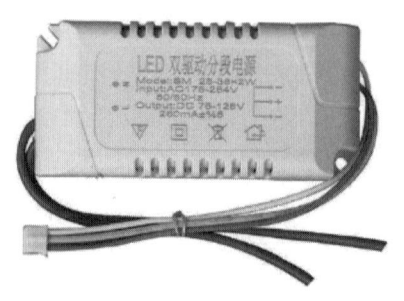

图 1-4-20　镇流器

④日光灯工作原理。当开关接通的时候，电源电压立即通过镇流器和灯管灯丝加到启辉器的两极。220V 的电压立即使启辉器的惰性气体电离，产生辉光放电。辉光放电的热量使双金属片受热膨胀，辉光产生的热量使 U 形动触片膨胀伸长，跟静触片接通，于是镇流器线圈和灯管中的灯丝就有电流通过。

电流通过镇流器、启动器触及和两端灯丝构成通路。灯丝很快被电流加热，发射出大量电子。这时，由于启辉器两极闭合，两极间电压为零，辉光放电消失，管内温度降低，双金属片自动复位，两极断开。

在两极断开的瞬间，电路电流突然切断，镇流器产生很大的自感电动势，与电源电压叠加后作用于灯管两端。灯丝受热时发射出来的大量电子，在灯管两端高电压作用下，以极快的速度由低电势端向高电势端运动。

在加速运动的过程中，碰撞灯管内氩气分子，使之迅速电离。氩气电离生热，热量使水银产生蒸气，随之水银蒸气也被电离，并发出强烈的紫外线。在紫外线的激发下，管壁内的荧光粉发出近乎白色的可见光。

日光灯正常发光后，由于交流电不断通过镇流器的线圈，线圈中产生自感电动势，自感电动势阻碍线圈中的电流变化。镇流器起到降压限流的作用，使电流稳定在灯管的额定电流范围内，灯管两端电压也稳定在额定工作电压范围内。由于这个电压低于启动器的电离电压，所以并联在两端的启动器也就不再起作用了。

镇流器在启动时产生瞬时高压，在正常工作时起降压限流作用；启动器中电容器的作用是避免产生电火花。

（4）灯泡接线及说明

灯泡火线及零线的接线方法如图 1-4-21 所示。

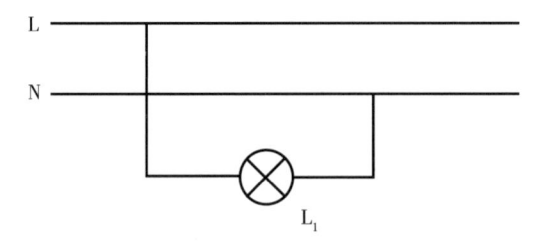

图 1-4-21　灯泡火线及零线的接线方法

（5）灯泡的电气图形符号和文字符号

灯泡的图形及文字符号如图 1-4-22 所示。

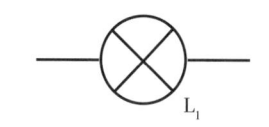

图 1-4-22　灯泡的图形及文字符号

5. 开关及插座

在日常生活中处处都能见到开关和插座的身影，如开关控制照明灯的关亮，商场随处可见的手机充电站。随着现在开关的不断创新，智能遥控开关、双控开关等慢慢进入家庭电路。与此同时，智能化电器也进入家庭生活中，扫地机器人、智能音响、智能窗帘、智能马桶等外接电源的要求越来越多。对于开关及插座的原理及接线的掌握是家用照明电路学习的关键。

（1）开关及插座的作用

①开关的作用及原理。开关在家庭照明电路中主要用于控制电路的通断，对用电设备的启停进行控制。如图 1-4-23 中，电源由火线进入开关 K_1，之后流经并联的灯泡 L_1、L_2 后回到零线形成完整回路，开关 K_1 控制两个灯泡的亮灭。在家用电路中，开关一般通过控制火线的通断来控制用电设备的启停。

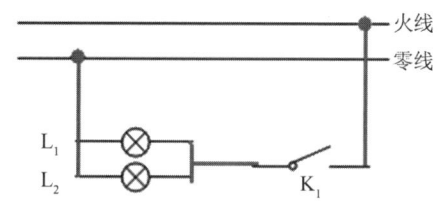

图 1-4-23　开关控制电路

②插座的作用。

a. 将裸露电线包裹在插座中，防止触电，保证外接电气设备正常用电。

b. 为了保证新增家庭用电设备的使用，需要不断扩充外接电源接口，所以在家用线路设计的时候在每个房间预留多个电气插座，保证了家庭用电设备的使用方便。

（2）开关及插座的接线

①开关的接线原理如图 1-4-24 所示。

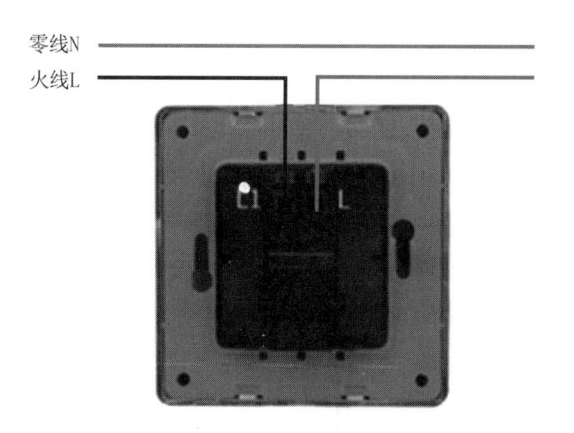

图 1-4-24　开关的接线原理

②双孔插座、三孔插座的接线原理如图 1-4-25 所示。

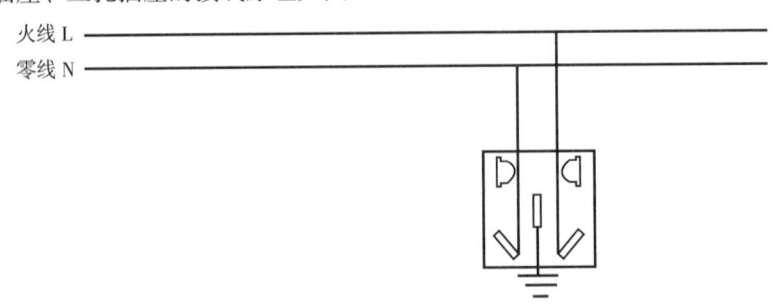

图 1-4-25 双孔插座、三孔插座的接线原理

（3）开关和插座的电气符号

开关及插座的电气符号如图 1-4-26 所示。

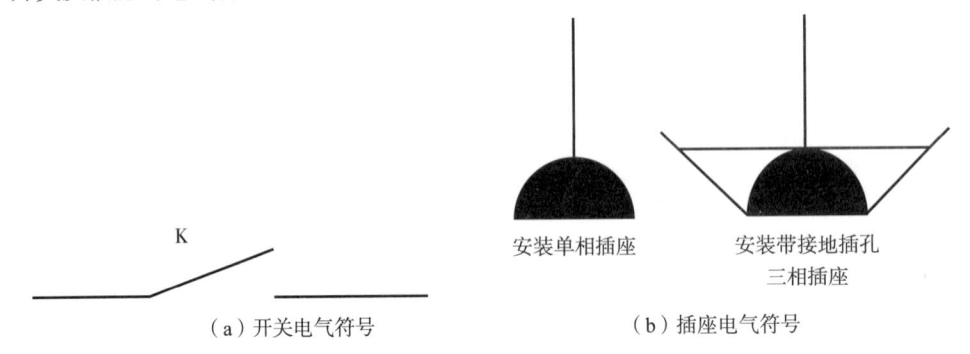

（a）开关电气符号　　　　（b）插座电气符号

图 1-4-26 开关及插座的电气符号

二、家庭照明电路电气原理图认识

1. 电气图的主要组成

（1）系统图

系统图，也称结构框图，它是指用符号或带注释的框，概略表示系统或分系统的基本组成、相互关系及其主要特征的一种简图。如图 1-4-27 所示为家用电灯的电气结构框图。

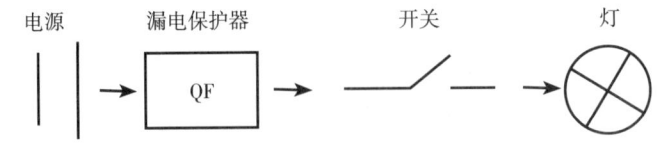

图 1-4-27 家用电灯的电气结构框图

（2）电气原理图

电气原理图采用国家标准规定的电气图形、文字符号绘制而成，用于表达电气控制系统原理、功能、用途及电气元件之间的布置、连接和安装关系。电气原理图绘制是进行电气控制柜制作的第一步，也是电气控制柜制作的基础性工作。

电气原理图主要由元器件符号标记、连接线、连接点、注释四大部分组成。

①元器件符号标记。电气原理图元件图形符号库，电气元件图部分参照国家标准《电气简

图用图形符号》来执行。在选用图形与符号时，电子元器件部分如果在有关国标里有缺失，可以自己设立标准元件库，大家共同参照执行即可。

②连接线。连接线表示的是实际电路中的导线。

③连接点。连接点表示几个元件引脚或几条导线之间相互的连接关系。所有和连接点相连的元件引脚、导线，不论数目多少，都是导通的。

④注释。注释在电路图中是十分重要的，电路图中的所有文字都归入注释一类。在电路图的各个地方都有注释存在，它们被用来说明元件的型号、名称等。

如图1-4-28所示为家用电灯的电气原理图。

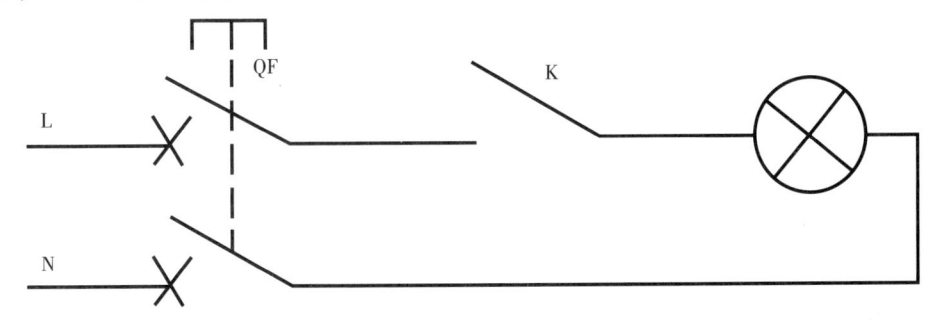

图1-4-28 家用电灯的电气原理图

（3）电气元件布置图

电气元件布置图是某些电气元件按一定原则的组合。电气元件布置图的设计依据是电气元部件图、组件的划分情况等。

总体配置设计得合理与否关系到电气控制系统的制造、装配质量，更影响到电气控制系统性能的实现及其工作的可靠性和操作、调试、维护等工作的方便及质量。

家用照明电路属于建筑电气范畴，电气元件布置图不仅仅局限于电气安装板上，更多的是体现在空间布局上，如图1-4-29所示。

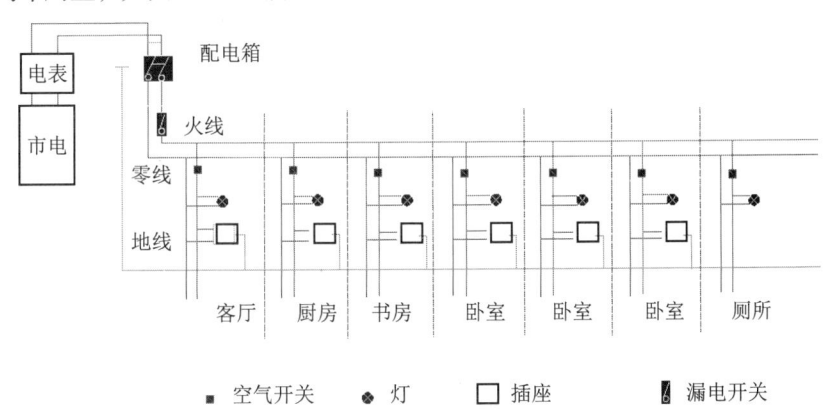

图1-4-29 家用电路元件布置图

2."单个单开双控开关+两个电灯"电路图认识

如图1-4-30所示，单开双控开关有三个触点，其中触点a为公共端，手动控制开关可以使公共触点分别和b、c两个触点接通，所以在同一时间，公共触点只能和其中一个触点接通，与另外一个触点断开。

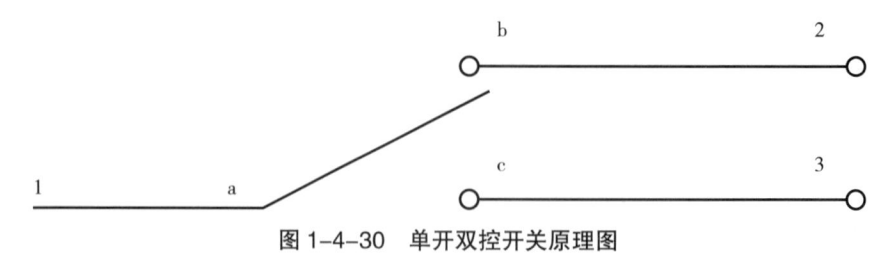

图 1-4-30 单开双控开关原理图

由图形可以观察出原理：当触点 a 与触点 b 接通时，导线 1 和导线 2 通路，导线 1 和导线 3 断路；当触点 a 与触点 c 接通时，导线 1 和导线 3 通路，导线 1 和导线 2 断路。

需要注意一点，单开双控开关只有两种状态：一种状态是触点 a 与触点 b 接通；另一种状态是触点 a 与触点 c 接通。不会出现触点 a 与触点 b 和 c 同时都不接通的状态，也不会出现触点 a 与触点 b 和 c 同时都接通的状态。

如图 1-4-31 所示的电路分析如下：

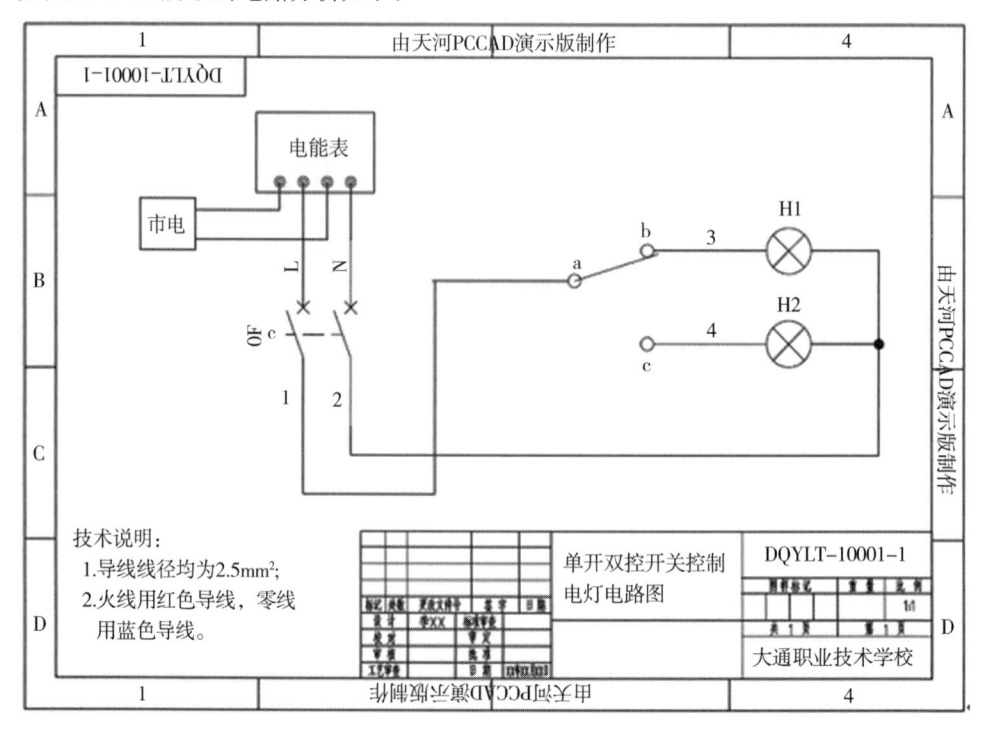

图 1-4-31 单开双控开关控制电灯电路图

在图示状态下，电灯 L_1、L_2 均处于熄灭状态；手动合上漏电保护开关 QF，此时电灯 L_1 点亮，L_2 保持熄灭状态。

保持漏电保护开关 QF 闭合状态，将单开双控开关 a 和 c 接通，则电灯 L_2 点亮，电灯 L_1 熄灭。

3."两个单开双控开关 + 一个电灯"电路图认识

如图 1-4-32 所示，两个单开双控开关有六个触点，其中触点 a1、a2 为公共端，手动控制开关 s1 可以使公共触点 a1 分别和 b1、c1 两个触点接通，手动控制开关 s2 可以使公共触点 a2 分别和 b2、c2 两个触点接通，所以在同一时间，公共触点 a1、a2 只能和其中一个触点接通，与另外一个触点断开。

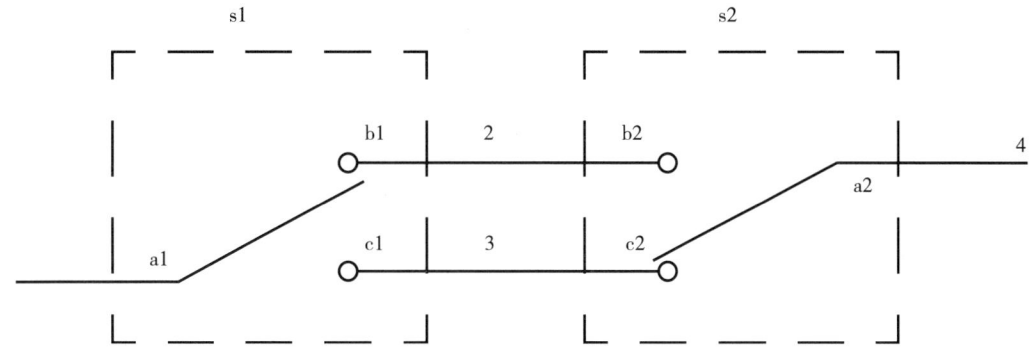

图 1-4-32 两个单开双控开关串联电路图

两个单开双控开关串联起来会有以下四种组合状态。

①状态一：a1 和 b1 接通，a2 和 b2 接通；此时电流通路为导线 1、导线 2、导线 4，即导线 1 与导线 4 通路；

②状态二：a1 和 b1 接通，a2 和 c2 接通；此时导线 1 和导线 2 接通、导线 3 和导线 4 接通，但是导线 1 与导线 4 断路；

③状态三：a1 和 c1 接通，a2 和 b2 接通；此时导线 1 和导线 3 接通、导线 2 和导线 4 接通，但是导线 1 与导线 4 断路；

④状态四：a1 和 c1 接通，a2 和 c2 接通；此时电流通路为导线 1、导线 3、导线 4，即导线 1 与导线 4 通路。

下面通过图 1-4-33 来分析两个单开双控开关控制一个电灯的电路图。

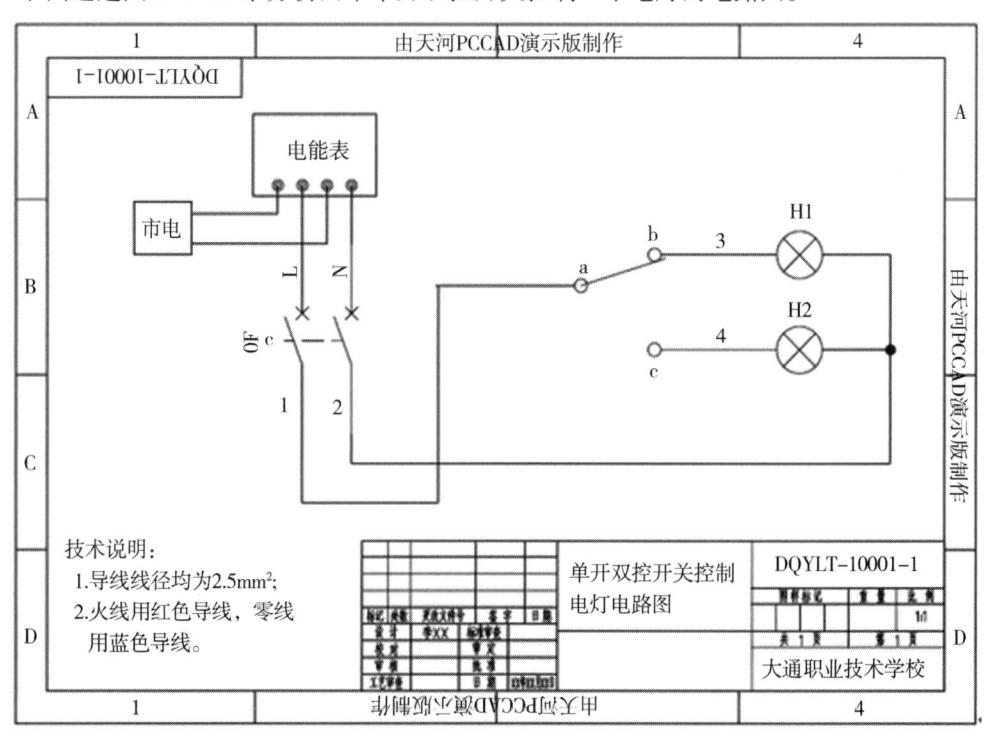

图 1-4-33 两个单开双控开关控制电灯电路图

在图示状态下，电灯 L_1 处于熄灭状态。

①合上漏电保护开关 QF，此时电灯 L_1 点亮，电流通路为导线 1、开关 K_1、导线 3、开关 K_2、导线 5、电灯 L_1、导线 2；

②合上漏电保护开关 QF，此时电灯 L_1 点亮，将开关 K_1 的 a1 和 c1 接通，电灯 L_1 熄灭；继续将开关 K_2 的 a2 和 c2 接通，电灯 L_1 又点亮，电流通路为导线 1、开关 K_1、导线 4、开关 K_2、导线 5、电灯 L_1、导线 2。

实训 6　家庭照明电路接线

实训名称	家庭照明电路接线
实训内容	根据日光灯电路的电路图，掌握双控开关控制日光灯电路的接线，理解控制日光灯的电路原理
实训目标	1. 掌握双控开关的使用方法，能够完成双控开关的电路接线； 2. 能够识读日光灯电路原理图，能够完成日光灯电路的接线
实训课时	4 课时
实训地点	家用电器实训室

三、照明电路典型故障分析

照明电路是电力系统中的重要负荷之一，它的供电常采用 380/220V 三相四线制（TN-C 接地系统）交流电源，也可采用有专用接零保护线（PE）的三相四线制（TN-CS 接地系统）交流电源。近年来，随着文艺、体育、广告等事业迅猛发展，用电设备的数量及用电容量日趋增大，家庭照明电路在使用时免不了会出故障而导致不能正常用电，给生活带来诸多不便。因此，加强照明电路用电设备的安全用电管理，了解一些常见故障，定期对用电设备、线路进行检查、维修是非常必要的，这也是电气职业人员必须掌握的一项基本技能。

照明电路是由引入电源线连通电度表、总开关、漏电保护器、支路控制开关、用电器等组成的回路。每个组成元件在运行中都可能发生故障，发生故障时应依次从每个组成部分开始检查。一般先从电源开始检查，直到用电设备。

1. 照明电路常见故障及发生故障的原因

（1）过载

过载的故障特征是灯光变暗，用电器达不到额定功率，实际电量超过线路导线的额定容量，以致熔丝熔断，过载部分的装置温度剧升。若保护装置未能及时起到保护作用，就会引起严重电气事故。

引起过载故障的主要原因有以下几种：

①设计选型不正确，导线截面小，原设计线路的额定容量和实际应用的情况不配套；

②设备和导线随意装接，增加负荷，造成超载运行；

③电源电压过低,电扇、洗衣机、电冰箱等输出功率无法相应减小的设备就会自行增加电流来弥补电压的不足,从而引起过载。

(2)断路

①定义。当电路没有闭合开关,或者导线没有连接好,或用电器烧坏或没安装好(如把电压表串联在电路中)时,即整个电路在某处断开,处在这种状态的电路叫作断路,又叫开路。

②断路时电流电压特点。当电路断路时,$I=0$;所以断路部分分担全部电压,两端电压即电源电压。

③断路的判断方法及解决措施:

a.内断路可以用试火的方法判断出故障在哪一路。从正极桩柱上引一根导线逐一单路试火,有火无火之间为断路处,用足够粗的导线跨过断路的单格即可。外部断路时用眼就能看出是哪一路,其解决方法是一样的。

b.用万用表来测。因为万用表的二极管挡是测试两个端口是否导通的。我们在实验时可以选择这个挡位,要是断了则蜂鸣器不会响,要是通的则蜂鸣器会有响声。

(3)短路

短路的故障特征是熔丝爆断,短路点处有明显烧痕绝缘炭化现象,严重的会使导线绝缘层烧焦甚至引起火灾。许多电气火灾就是在短路状态下酿成的。

产生短路故障原因很多,主要有以下几种:

①施工质量不佳,不按规范化的要求进行加工,多股导线未捻紧、涂锡,压接不紧,有毛刺;

②用电器具接线不好,相线、零线压接松动或距离过近,以致接头碰在一起造成相对零短路或相间短路;

③恶劣天气,如大风、大雨等造成灯座或开关进水,螺口灯头内部松动或灯座顶芯歪斜碰及螺口导线及造成电气设备内部发生短路;

④电气设备所处的环境中有大量导电尘埃,若防尘设施不当或损坏,则导电尘埃落在电气设备中会造成短路;

⑤人为因素,如土建施工时将导线、闸箱、配电盘等临时移位或处理不当,施工时误碰架空线或挖土时挖伤土中电缆等。

(4)漏电

线路绝缘层破损或老化,电流从绝缘结构中泄漏出来,这部分泄漏电流不经过原定电路形成回路,而是通过建筑物与大地形成回路或超近在相线、中性线之间构成局部回路。在漏电处局部发热,漏电若不严重,没有明显的故障现象;漏电较严重时,就会出现建筑物带电和电量无故增加甚至直接导致火灾等故障现象发生。

发生漏电的原因归纳起来有以下几种:

①用电设备内部绝缘损坏使外壳带,或电施工中损伤了电线和照明灯附件的绝缘结构;

②线路和照明灯附件年久失修,绝缘老化;

③违规安装,如导线直埋在建筑物的粉刷层内等。

2. 故障的一般检测方法

（1）电阻检测法

电阻检测法就是借助万用表的欧姆挡断电测量电路中的可疑点、可疑电气元件以及集成块各引脚的对地电阻，然后将所有所测结果与正常值作比较，分析判断组件是否损坏变质，是否存在开路、短路、击穿等情况。这种方法对于检修开路、短路性故障并确定故障组件最为有效。

这是因为，一个正常工作的电路在未通电时，有的电路呈现开路，有的电路呈现通路，有的为一个确定的电阻。而当电路的工作不正常时，线路的通与断、阻值的大与小，用电阻检测法均可检测。

采用电阻法检测故障时，要求在平时的维修工作中收集、整理和积累较多的资料，否则，即使测得了电阻值，也不能判断正确与否，会影响维修的速度。

①特点。

a.电阻法对检修开路或短路性故障十分有效，检测中，往往先采用在线测量方式，在发现问题后，可将元器件拆下来再检测。

b.在线测试一定要在断电情况下进行。如果带电，不但会使测得结果不准确，还会损伤、损坏万用表。

c.电阻法在线测量元器件质量好坏时，万用表的红黑表棒要互相测试，尽量避免外电路对测量结果的影响。

②应用常识：为确保检测的可靠性，电阻检测法一般采用"正向电阻测试"和"反向电阻测试"两种方式相结合来进行测量。习惯上，"正向电阻测试"是指黑表笔接地，用红表笔接触被测点；反向电阻测试"是指红表笔接地，用黑表笔接触被测点。

在实际测量中，也常用"在路"电阻测量法和"不在路"电阻测量法。

a."在路"测量法就是直接在断电电路上，测量元件两端或对地的阻值。由于被测组件接在电路中，所以被测数值会受到其他支路的影响，在分析测量结果时应予以考虑。

b."不在路"电阻测量法是将被测组件的一端或将整个组件从电路板上取下来后测量其阻值，虽然麻烦但是测量结果准确。

（2）电压检测法

①电压检测法是通过电路或电路中元器件的工作电压，并与正常值进行比较来判断故障电路或故障组件的一种检测方法。

一般来说，电压相差明显或电压波动较大的部位，就是故障所在部位，在实际测量中，通常有静态测量和动态测量两种方式：

a.静态测量是电气不接入信号的情况下测的结果。

b.动态测量是电气接入信号时所测得的电压值。

②电压检测法的特点。

a.通常对交流电压和直流电压可直接用万用表测量，但要注意万用表量程和挡位的选择。

b.电压测量是并联测量，要养成单手操作习惯，测量过程中必须精力集中，以免万用表笔将两个焊点短路。

c.在电气内有多于一根地线时,要注意找对地线后再测量。
(3)电流检测法
电流检测法是通过检测各局部的电流和电源的负载电流来判断电气故障的一种检修方法。
①遇到电气烧熔丝或局部电路有短路时,采用电流检测法效果明显。
②电流是串联测量,而电压是并联测量,实际操作时往往先采用电压检测法,在必要时才用电流检测法。

实训 7 短路故障检修

实训名称	短路故障检修
实训内容	根据双控开关控制日光灯的电气原理图,掌握短路故障检修的方法,能够检测出短路故障的位置并修复短路故障
实训目标	1.了解短路故障的现象及原理; 2.能够检测出照明电路短路故障并修复
实训课时	2课时
实训地点	家用电器实训室

四、零线断线造成的故障

1.零线断线造成的照明线路故障

零线断线造成的电压不平衡现象,常会导致在高电压的一相中正在使用的家电损坏,在零线断线负荷一侧的断口处将出现对地电压。

为防止零线断线造成的照明线路故障和家电损坏,零线应选用与相线相同截面积的导线,并应进行可靠的连接。同时,也可在进户线处和在线路末端位置实施重复接地。零线万一断线,三相电源可通过重复接地装置与大地形成回路,避免酿成事故。

对于零线断线故障的检查处理,要检查零线上是否接有刀开关、熔断器等元器件,如有,应全部拆除并将零线进行直接可靠连接。检查零线的连接点有无断开、松动、接触不良,有无因大风或其他机械原因导致零线断线的情况。

2.零线断线故障原因

导致共用零线断线的原因主要有:三相负荷不平衡、共用零线截面不够、共用零线连接不规范、共用零线维护管理不善。

3.零线断线故障的处理措施

(1)改善三相负荷不平衡的状态
①使三相负荷均衡分配。在供配电设计和安装中,应尽量使三相负荷均衡分配,三相系统

中各相安装的单相用电设备容量之差应不超过15%。

②使不平衡负荷分散连接。尽可能将不平衡负荷接到不同的供电点，以减少其集中连接造成不平衡度可能超过允许值的问题。

③采用可调的平衡化装置。平衡化装置包括具有分相补偿功能的静止型无功补偿装置和静止无功电。

（2）加大共用零线线径截面

根据电气设计规范规定，三相四线制的零线线径截面应大于或等于相线线径截面的50%，共用零线应采用多股导线，有条件时应采用铜芯导线，这样既可降低线损，又可减小压降。

（3）规范施工，严格验收

由于建设中某些施工队伍，或施工人员未熟练掌握导线的接线工艺和技术，技术力量不足或偷工减料等原因，使线路导线连接不规范，如配电箱的接线端子连接时，一个端子上接几根导线等。因此，应规范施工，并严格验收。

（4）加强共用零线的维护管理

由于电力负荷随季节变化较大，而且由于热胀冷缩，导线接头松动、变黑导致接触电阻变大，因此，应定期加强对共用零线的检查和维修。

在每年春季检修时，应对配电室和变压器中性点接地阻值进行认真测试检查，确保接地电阻达到规定值，同时对各配电零线端子认真检查维修，保证各共用零线的可靠连接，从而减少电网共用零线断线故障的发生。

五、照明线路断路故障

断路故障发生后，负载将不能正常工作。相线、零线均可能出现开路。三相四线制供电线路负载不平衡时，如零线断线会造成三相电压不平衡，负载大的一相相电压降低，负载小的一相相电压增高，如负载是白炽灯，则会出现一相灯光暗淡，而接在另一相上的灯却变得很亮，同时零线断路负载侧将出现对地电压。

1. 产生断路的原因

①负荷过大使熔丝熔断、线头松脱、接触不良断线、开关没有接通、铝线接头腐蚀等。

②导线接头处压接不实、接触电阻过大造成局部发热并引起连接处氧化，特别是铜铝导线相接时无过渡接头引起接头处严重腐蚀。

2. 断路的检测方法

家庭照明电路中如果灯不亮，首先检查灯丝是否烧断；若灯丝未断，则应检查开关和灯头是否接触不良、有无断线等。为了尽快查出故障点，可用验电器检测灯座（灯头）的两极是否有电：若两极都不亮，说明相线断路；若两极都亮（带灯泡测试），说明中性线（零线）断路；若一极亮一极不亮，说明灯丝未接通。

对于日光灯来说，应对启动器进行检查。如果几盏电灯都不亮，应首先检查总保险是否熔断或总闸是否接通，也可按上述方法用验电器判断故障。

实训 8　断路故障检修

实训名称	断路故障检修
实训内容	根据双控开关控制日光灯的电气原理图，掌握断路故障检修方法，能够检测出断路故障的位置并修复断路故障
实训目标	1. 了解断路故障的现象及原理； 2. 能够检测出照明电路断路故障并修复
实训课时	2 课时
实训地点	家用电器实训室

六、照明电路漏电故障

照明线路漏电主要是由于相线与零线间绝缘受潮气侵袭或被污染造成绝缘不良，导致相线与零线间漏电；相线与零线之间的绝缘受到外力损伤，而形成相线与地之间漏电；线路长期运行，导线绝缘老化造成线路漏电。

检查漏电的方法如下：

①用绝缘电阻表测量绝缘电阻值的大小，或在被测线路的总开关上接一只电流表，断开负荷后接通电源，如电流表的指针摆动，说明有漏电，指针偏转越多，说明漏电越大。确定漏电后再进一步检查。

②切断零线。如电流表指示不变或绝缘电阻不变，说明相线与大地之间漏电；如电流表指示回零或绝缘电阻恢复正常，说明相线与零线之间漏电；如电流表指示变小但不为零，或绝缘电阻有所升高但仍不符合要求，说明相线与零线、相线与大地间均有漏电。

③取下分路熔断器或拉开分路开关。如电流表指示或绝缘电阻不变，说明总线路漏电；如电流表指针回零或绝缘电阻恢复正常，说明分路漏电；如电流表指示变小但不为零，或绝缘电阻有所升高但仍不符合要求，说明总线路与分线路都有漏电。这样可以确定漏电的范围。

④按上述方法确定漏电的分路或线段后，再依次断开该线路灯具的开关。当断某一处开关时，电流表指示回零或绝缘电阻正常，说明这一分支线漏电；如电流表指示变小或绝缘电阻有所升高，说明除这一支线漏电外还有其他漏电处；如所有的灯具开关都断开后，电流表指示不变或绝缘电阻不变，说明该段干线漏电。

七、照明电路设备故障

照明电路发生设备故障的电路有：开关、插座、漏电保护器、日光灯等。下面依次介绍其常见故障的检修方法。

1. 开关常见故障及排除方法

开关常见故障的现象、产生原因及排除方法见表 1-4-1。

表 1-4-1　开关常见故障的现象、产生原因及排除方法

故障现象	产生原因	排除方法
开关操作后电路不通	接线螺丝松脱，导线与开关导体不能接触	打开开关，紧固接线螺丝
	内部有杂物，使开关触片不能接触	打开开关，清除杂物
	机械卡死，拔不动	给机械部位加润滑油，机械部分损坏严重时，应更换开关
接触不良	压线螺丝松脱	打开开关盖，压紧界限螺丝
	开头触头上有污物	断电后，清除污物
	拉线开关触头磨损、打滑或烧毛	断电后修理或更换开关
开关烧坏	负载短路	处理短路点，并恢复供电
	长期过载	减轻负载或更换容量更大一级的开关
漏电	开关防护盖损坏或开关内部接线头外露	重新配全开关盖，并接好开关的电源连接线
	受潮或受雨淋	断电后进行烘干处理，并加装防雨设施

2. 插座常见故障及排除方法

插座常见故障的现象、产生原因及主排除方法见表 1-4-2。

表 1-4-2　插座常见故障的现象、产生原因及排除方法

故障现象	产生原因	排除方法
插头插上后不通电或接触不良	插头压线螺丝松动，连接导线与插头片接触不良	打开插头，重新压接导线与插头的连接螺丝
	插头根部电源线在绝缘皮内部折断，造成时通时端	剪断插头端部一段导线，重新连接
	插座口过松，与插座压线导线螺丝松开，引起接触不良	重新连接插座电源线，并旋紧螺丝
插座烧坏	插座长期过载	减轻负载或更换容量更大的插座
	插座连接线处接触不良	紧固螺丝，使导线与触片连接好并清除生锈物
	插座局部漏电引起短路	断电后，打开插座维修

续表

故障现象	产生原因	排除方法
插座短路	导线接头有毛刺，在插座内松脱引起短路	重新连接导线与插座，接线时要注意将接线毛刺清除
	插座的两插口相距过近，插头插入后碰连引起短路	断电后，打开插座修理
	插头内部接线螺丝松脱引起短路	重新紧固螺丝，旋紧螺母
	插头负载端短路，插头插入后引起弧光短路	清除负载短路故障后，断电并更换同型号的插座

3. 漏电保护器常见故障及产生原因

漏电保护器常见故障及产生原因见表 1-4-3。

表 1-4-3　漏电保护器常见故障及产生原因

故障现象	产生原因
拒动作	漏电动作电流选择不当。选用的保护器动作电流过大或整定过大，实际产生的漏电值没有达到规定值，使保护器拒动作
	接线错误。在漏电保护器后，如果把耦合器与中性线接在一起，发生漏电时，漏电保护器将拒动作
	产品质量低劣，零序电流互感器二次电路断路、脱扣元件故障
	线路绝缘阻抗降低，由于部分电击电流不沿配电网工作接地，或漏电保护器前方的绝缘阻抗而沿漏电保护器后方的绝缘阻抗流经保护器返回电源
误动作	接线错误，误把保护线与中性线接反
	在照明和动力合用的三相四线制电路中，错误地选用三级漏电保护器，负载的中性线直接接在漏电保护器的电源侧
	漏电保护器后方有中性线与其他回路的中性线连接或接地，或后方有相线与其他回路的同相相线连接，接通负载时会造成漏电保护器误动作
	漏电保护器附近有大功率电器，当电器开合时产生电磁干扰，或附近装有磁性元件或较大的导磁体，在互感器铁芯中产生附加磁通量而导致误动作
	当同一回路的各相不同步合闸时，先合闸的一相可能产生足够大的泄漏电流
	漏电保护器质量低劣，元件质量不高或装配质量不好，降低了漏电保护器的可靠性和稳定性，导致误动作

4. 日光灯常见故障及排除方法

日光灯常见故障、产生原因及排除方法见表1-4-4。

表1-4-4 日光灯常见故障、产生原因及排除方法

故障现象	产生原因	排除方法
日光灯不能发光	停电或保险丝烧断导致无电源	找出断电原因，检修好故障后恢复送电
	灯管漏气或灯丝断	用万用表检查或观察荧光粉是否变色，如确认灯管坏，可更换新灯管
	电源过低	不必修理
	新装日光灯接线错误	检查线路，重新接线
	电子镇流器整流桥开路	更换整流桥
日光灯灯光抖动或两端发红	接线错误或灯座灯脚松动	检查线路或修理灯座
	电子镇流器的电容器容量不足或开路	更换镇流器
	灯管老化，灯丝上的电子发射将尽，放电作用降低	更换灯管
断电后灯管仍发微光	荧光粉余辉特性	过一会儿就会消失
	开关接到零线上	将开关改接至相线上

练习题

1. 填空题

（1）电能表按工作原理可以分为_____、_____。按使用的电路可分为_____、_____。其中，交流电能表又可以分为_____、_____、_____。

（2）照明电路常见的故障有_____、_____、_____、_____。

（3）开关操作后电路不通的主要原因有_____、_____。

2. 简答题

（1）画出电能表、漏电保护开关、刀闸开关、灯泡、开关的电气原理图，并标注电气符号。

（2）画出日光灯的组成图，并说明启动器的作用。

（3）画出两个单开双控开关串联电路图，并说明它的四种工作方式。

（4）简述零线故障的主要原因和处理措施。

（5）插上插头后线路不通的原因有哪些？每种故障的排除方法是什么？

任务完成报告

姓名		学习日期	
任务名称	照明电路线路维修		
学习自评	考核内容	完成情况	
	1. 家庭照明电路的电气图认识	□好　□良好　□一般　□差	
	2. 照明电路典型故障分析	□好　□良好　□一般　□差	
	3. 零线断线故障	□好　□良好　□一般　□差	
	4. 电路漏电故障	□好　□良好　□一般　□差	
学习心得			

项目 2　自动往返机构故障检修

三相异步电动机是企业应用最广、使用最多的大功率电气设备,科学合理地对其进行维护和管理,使之经常性地处于正常可用的技术状态,有着至关重要的意义。

本项目以自动往返机构为载体,讲解电机控制电路维护的思路和方法,电机控制电路典型故障的分析及排除方法。本项目要实现的具体任务描述如下:

①自动往返机构电路原理图识读;

②自动往返机构电气故障排除。

根据项目最终目标,将本项目分为以下两个任务:

任务1　电机正反转故障检修。通过讲解设备的维护、设备的检修、电机正反转故障分析的方法,使学生掌握维护维修的理论基础,掌握电机正反控制电路的分析方法,熟悉典型故障检修的方法和流程。

任务2　自动往返机构电气故障检修。通过实训练习的方式,使学生掌握自动往返机构控制电路分析及典型故障检修的方法。

任务1　电机正反转故障检修

电机正反转的应用在生活中随处可见，如上下滑动的电梯，往返运动的皮带等。本任务主要介绍维护维修的理论基础和工作前提，电机正反控制电路分析及典型故障检修的方法和流程。其中，重点内容为电机正反转故障分析，难点内容为电机正反转控制电路分析。

本任务的最终目标是完成电机正反转原理图的识读，运用典型故障排除的方法及流程，完成电机正反转故障的检修。

知识目标：
①掌握电气设备维护与维修的基础知识；
②了解维护维修工作前提；
③掌握故障检修的方法。

能力目标：
①能够识读电机正反转电路图；
②能够排除电机正反转电气故障；
③能够对设备进行定期维护。

学习内容：

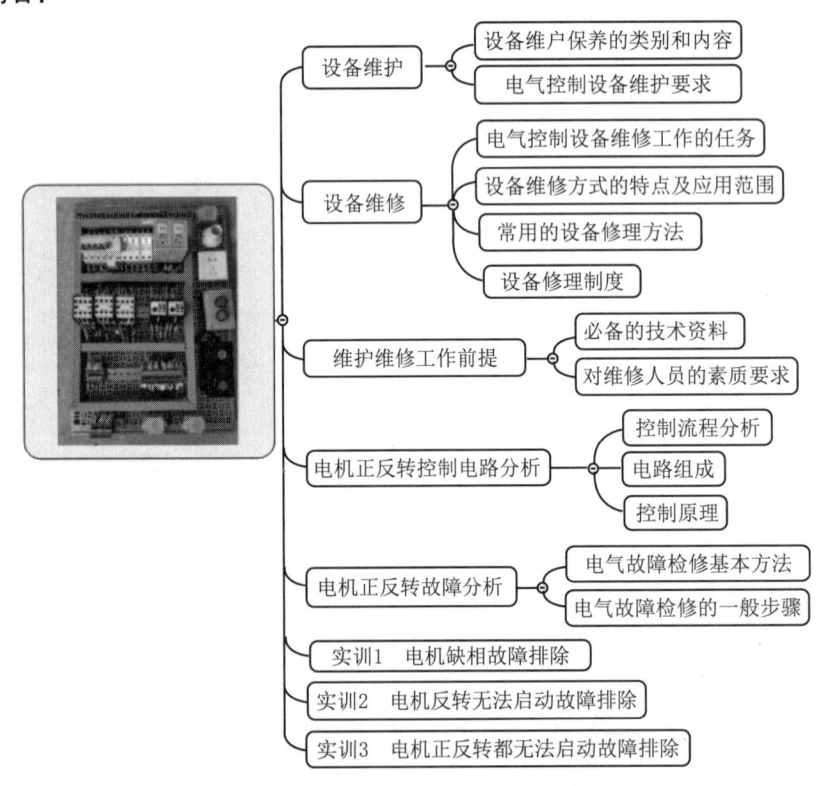

- 设备维护
  - 设备维户保养的类别和内容
  - 电气控制设备维护要求
- 设备维修
  - 电气控制设备维修工作的任务
  - 设备维修方式的特点及应用范围
  - 常用的设备修理方法
  - 设备修理制度
- 维护维修工作前提
  - 必备的技术资料
  - 对维修人员的素质要求
- 电机正反转控制电路分析
  - 控制流程分析
  - 电路组成
  - 控制原理
- 电机正反转故障分析
  - 电气故障检修基本方法
  - 电气故障检修的一般步骤
- 实训1　电机缺相故障排除
- 实训2　电机反转无法启动故障排除
- 实训3　电机正反转都无法启动故障排除

> 分组讨论：
>
> 家庭中有哪些电气设备需要维护修养？

一、设备维护

设备维护的重要性，如同一个人需要维护好自己的健康一样重要。如果一个人丧失了健康就会丧失一切。而如果电气设备丧失了健康，则犹如重病缠身，将无法进行正常的控制工作，导致生产及服务设备无法正常工作，最终导致罢工，造成不可估量的损失。

1. 设备维护保养的类别和内容

设备维护保养的内容是保持设备清洁、整齐、润滑良好、安全运行，包括及时紧固松动的紧固件，调整活动部分的间隙等。简而言之，即"清洁、润滑、紧固、调整、防腐"十字作业法。实践证明，设备的寿命在很大程度上取决于维护保养的好坏。

设备维护保养分为两个层次，一是设备的日常维护，二是设备的定期维护。

（1）日常维护

日常维护又称例行保养。其主要内容是：清洁、润滑、紧固易松动的零件、检查零部件的完整。这类保养的项目和部位较少，大多数在设备的外部。

①日常维护的基本要求。

a. 整齐。整齐体现了设备的管理水平和工作效率。厂内所有非固定安装的设备和机房的物品都必须摆放整齐；设备的工具、工件、附件也要整齐放置；设备的零部件及安全防护装置要齐全；设备的各种标牌要完善、干净，各种线路、管道要安装整齐、规范。如图 2-1-1 所示为两种不同的设备接线方法对比。

（a）设备接线杂乱 　　　　（b）设备接线规范

图 2-1-1　设备接线对比

b. 清洁。设备的清洁是为设备的正常运行创造一个良好的环境，以减少设备的磨损。因此，必须保持设备周围的场地清洁，不起灰，无积油，无积水，无杂物。设备外表清洁，铁无锈斑，油漆显光泽，各滑动面无油污；各部位不漏油、不漏水、不漏气、不漏电。如图2-1-2所示为场地设备杂乱与整齐的对比。

（a）场地设备杂乱　　　　　　　　　　　　（b）场地设备整齐

图2-1-2　场地设备对比

c. 润滑。保持油标醒目；保持油箱、油池和冷却箱清洁，无杂质；油壶、油孔、油杯、油嘴齐全，油路畅通；每台需要润滑的设备都应制定"五定"润滑图表，按质、按量、按时加油或换油。

d. 安全。遵守设备的操作规程和安全技术规程，防止人身和设备事故发生。电气线路接地要可靠，绝缘性良好。限位开关、挡块灵敏可靠。信号仪表要指示正确，表面干净、清晰。

e. 完好。设备完好，可以正常发挥功能，是设备正确使用、精心维护的结果，也是设备管理的目标之一。

② 每班保养。

设备的每班保养，要求操作人员在每班工作中必须做好以下几项内容：

a. 班前对设备的各部分进行检查，并按规定润滑加油。

b. 班前检点，确认设备正常后才能使用。

c. 按设备操作、维护规程正确使用设备。

d. 下班前必须认真清洁、擦拭设备。

e. 办好交接班手续。

③ 周末保养。周末保养要求用1~2h对设备进行彻底清洁、擦拭和加润滑油，并按照设备维护的"五项要求"进行检查评定及考核。

低压电气柜日常维护表如表2-1-1所示。

项目2 自动往返机构故障检修

表2-1-1 电气柜日常维护表

低压电气柜维护检查标准

检查位置	序号	检查项目	检查周期					检查方法	判定基准	使用仪器	检查情况	备注
			每班	每天	每周	每月	每季	每年				
日常运行维护	1.1	环境温度、湿度、防水防尘等		○					使用仪器测量温度、湿度	温度不得高于40℃，相对湿度不得大于70%；对置于现场的各种电柜，关紧门后，从各种方向或通风角度来的雨水和粉尘都不会入柜内	温度、湿度测量仪		
	1.2	电压、电流表、指示灯	○						目测或翻阅仪表各显示数据	1. 三相电压相互间差值不得超过5%；2. 三相电流相互间差值不得超过10%，且任何一相的电流不得超过额定值；3. 各指示灯（含智能马达保护器）无异常	钳形表、万用表		
	1.3	各种开关导电部分和接头部分的温升是否过热、接触是否良好		○					耳听、目测和测温枪测温	温升无过热现象，接触良好运行时声音正常，线圈温升正常	测温枪		
	1.4	接触器、继电器等，运行时声音是否正常，线圈温升是否正常		○					耳听和测温枪测温	温升无过热现象，接触良好，运行时声音正常，线圈温升	测温枪		
	1.5	检查电阻器和变阻器的发热情况		○					测温枪测温	电阻器和变阻器的发热温度低于60℃	测温枪		
	1.6	检查电器的各种保护罩是否完好		○					目测	各种保护罩完好	常用工具		

79

（2）定期维护

设备的定期维护是指由维修人员进行的定期维护工作，是工程部以计划的形式下达的任务。设备定期维护工作主要针对重要的机电设备。定期维护的间隔时间视设备的结构情况和运行情况而定。设备的定期维护根据维护工作的深度、广度和工作量可分为一级保养、二级保养和三级保养。

①定期维护的内容主要有：

a.拆卸设备的指定部件、箱盖及防护罩等，彻底清洗、擦拭设备内外。

b.检查、调整各部件配合间隙，紧固松动部位，更换个别易损件。

c.疏通油路，增添油量，清洗滤油器、油标，更换冷却液，清洗冷却液箱。

d.清洁、检查、调整电器线路及装置。

②一级保养。一级保养简称"一保"，是指除日常维护外，所进行的设备内部的清扫，紧固螺钉螺母，调整整定值，紧固有关部位及对有关部位进行必要的检查。一保工作具有一定的技术要求，应在维修人员的指导下，由操作人员完成。日常维护和一级保养工作一般由操作人员承担。

③二级保养。二级保养简称"二保"。二保的作业内容除了一保的全部作业外，还要对设备进行局部解体检查，清洗换油，修理或更换磨损零部件，排除异常情况和故障，恢复局部工作精度，检查并修理电气连接等。二保的工作量比一保大得多，主要由专职维修人员承担，操作人员协助，二保具有修理的性质，也可以称为小修。

④三级保养。三级保养主要是对设备主体部分进行解体检查和调整工作，必要时对达到规定磨损限度的零件、劣化的导线及绝缘加以更换。此外，还要对主要零部件的磨损就劣化情况进行测量、鉴定和记录。三级保养工作在操作工人协助下，由专职保养维修人员承担。

> **思考：**
> 设计一个PLC的定期维护标准。

低压电气柜常规检查维护如表2-1-2所示。

在各类维护保养中，日常维护是基础。维护的类别和内容，要针对不同设备的特点加以规定，不仅要考虑设备的生产工艺、结构复杂程度、规模大小等具体情况和特点，还要考虑不同用户长期形成的维修习惯。

本任务的维护任务主要针对电气控制柜进行。

表 2-1-2 电气柜日常维护表

低压电气柜维护检查标准

检查位置	序号	检查项目	检查周期					检查方法	判定基准	使用仪器	检查情况	备注
			每班	每天	每周	每月	每季	每年				
常规检查维修	2.1	器件安装是否牢固				○			仔细检查各器件是否紧固	安装及连接紧固可靠	常用工具		在停电情况下检查
	2.2	母排连接是否紧固					○		用合适的各类规格的扭紧工具,将各个螺栓逐个紧一遍	安装及连接紧固可靠	常用工具		在停电情况下检查
	2.3	端子接线是否紧固				○			用合适的各类规格的拧紧工具,各个端子逐个紧一遍	安装及连接紧固可靠	常用工具		在停电情况下检查
	2.4	插件间连接是否良好,是否接触不良而发热变色				○			仔细查看插头、插座	无发热变色,润滑良好	测温枪、常用工器具		在停电情况下检查
	2.5	端子排和线缆编号是否正确,唯一和清楚						○	检查端子排和线缆的标识是否完整	每根电缆、导线及每个端子都要有完整标识	标签、常用工具		在停电情况下检查

2. 电气控制设备维护要求

（1）电气控制设备维护的一般方式

电气控制设备维护的一般方式是例行巡视，即在运行中进行直观检查，参与控制系统维护与检修的人员必须具备相应的职业技能资质，并掌握进行控制系统维护相关安全要求的基本知识。

在运行中检查控制柜有利于及时发现问题、及时查找原因并进行维修，或者通过强行散热、改善控制柜内部环境温度使电气设备恢复正常工作，或者通过报警及时告知、便于及时采取应急措施，或者由温度控制器自动切断电源，以将事故消灭于萌芽状态，能有效克服现有技术下控制柜的整体工作可靠性、安全性和使用寿命难以保证的弊端。

（2）电气控制柜运行中检查的内容

①检查电气控制柜周围环境，利用温度计、湿度计、记录仪检查周围温度（–10~50℃），周围湿度（90%以下）；而且无冻结、无灰尘、无金属粉尘及通风良好等。

②检查各部件各系统装置是否有异常振动和异常声音。

③检查电源电压主回路电压是否正常。

④观察元器件是否有发热的迹象，是否有损伤，连接部件是否有松脱。

⑤检查端子排是否损伤，导体是否歪斜，导线外层是否破损。

⑥检查继电器和接触器动作时是否有"吱吱"声，触点是否粗糙、断裂；检查电阻器绝缘物是否有裂痕，是否有断线。

⑦检查冷却系统是否有异常振动、异常声音，连接部件是否有松脱。

⑧进行顺序保护动作试验检查显示、保护回路是否异常。

（3）安全注意事项

①电气控制设备维护必须由两人以上作业。

②严格按照作业规范进行作业。

③对可能导致工艺参数波动的作业，必须事先取得工艺人员的认可，并采取相应的安全措施。

④投入运行时必须由两人以上作业。

> **分组讨论：**
>
> 为什么带电作业时必须要保证两人以上？

二、设备维修

设备维修是指修复由于日常的或不正常的原因而造成的设备损坏和精度劣化。通过修理更换磨损、老化、腐蚀的零部件，可以使设备性能得到恢复。

设备的修理和维护是设备维修的不同方面，二者的工作内容与作用有所区别，是不能相互替代的，应把二者同时做好，以便相互配合、相互补充。

设备维修包含的范围较广，包括：为防止设备劣化，维持设备性能而进行的清扫、检查、润滑、紧固以及调整等日常维护保养工作；为测定设备劣化程度或性能降低程度而进行的必要检查；为修复劣化，恢复设备性能而进行的修理活动等。

1. 电气控制设备维修工作的任务

设备维修工作的任务是：根据设备的规律，经常做好设备维护保养，延长零件的正常使用寿命；对设备进行必要的检查，及时掌握设备情况，以便在零部件出现问题时采取适当的方式进行修理。

2. 设备维修方式的特点及应用范围

（1）事后（被动）维修

事后（被动）维修是一种传统、古老的维修方式，是在设备故障发生后进行的维修活动。这种维修方式事先不知道故障在什么时候发生，不需要事前谋划，简单易行，而且能充分利用设备的零部件的物理寿命，维修费用较低。但是缺乏修理前期准备，因而，修理停歇时间较长。此外，因为修理是无计划的，常常打乱生产计划，影响交货期。事后修理是比较原始的设备维修制度。

对于在生产中起非重要作用或可代用的小型、不重要设备，可采用事后维修方式。目前，该方法已基本上被其他设备维修制度代替。

（2）预防（主动）维修

预防（主动）维修是为了防止设备性能劣化或降低设备故障概率，事先按照规定的计划所进行的维修活动。预防维修这种制度要求设备维修以预防为主，在设备运用过程中做好维护保养工作，加强日常检查和定期检查，根据零部件磨损规律和检查结果，在设备发生故障之前有计划地进行修理。由于加强了日常维护保养工作，使得设备有效寿命延长了，而且由于修理具有计划性，便于做好修理前期准备工作，使设备修理停歇时间大为缩短，提高了设备有效利用率。

设备的日常维护是预防维修的派生分支，是由设备操作人员或周检人员，每天或每周对设备进行的检查、清扫、调整、加油、换件等日常维修活动。预防维修通常根据设备运行时间确定维修时间、周期，由于事前做了大量人、财、物的准备工作，一般能在规定的时间范围内，保质、保量地完成规定的维修内容。在生产中起重要作用或故障风险大于维修风险的设备，应采用预防维修方式。

（3）状态维修

所谓状态维修，是根据设备状态监测结果来进行的维修活动，是"有的放矢"的、"定量"的维修活动。其实质是预防（主动）维修的升级。它克服了以设备运行时间确定的预防维修的不定量因素，有利于降低维修成本和减少准备工作。状态维修适用条件是设备应配备较为完善的监测装置。状态维修是设备维修提倡和发展的方向。

（4）维修预防

人们在设备的维修工作中发现，虽然设备的维护、保养、修理工作进行得好坏对设备的故障率和有效利用率有很大影响，但是设备本身的质量好坏对设备的使用和修理往往有决定性作用。设备的先天不足常常是使修理工作难以进行的主要方面。维修预防是指在设备的设计制造阶段就考虑维修问题，提高设备的可靠性和易修性，以便在以后的使用中，最大可能地减少或不发生设备故障，即使故障发生，也能使维修工作顺利进行。维修预防是设备维修体制方面的一个重大突破。

（5）改造维修

对设备结构进行改造的维修活动，称为改造维修或改善维修。结合修理采用新工艺、新零部件对电气控制设备的结构和性能进行改进提升，改造维修意在提高设备的性能或增强设备的可靠性。此种施工应持慎重态度，应事前有论证、有批准，事后有评估。

3. 常用的设备修理方法

（1）标准修理法

标准修理法又称强制修理法，是指根据设备零件的使用寿命，预先编制具体的修理计划，确定修理日期、类别和内容。设备运转到规定的期限，不管其技术状况好坏、任务轻重，都必须按照规定的作业范围和要求进行修理。此方法有利于做好修理前准备工作，有效保证设备的正常运转，但有时会造成过度修理，增加修理费用。

（2）定期修理法

定期修理法是指根据零件的使用寿命、生产类型、工件条件和有关定额资料，事先规定各类计划修理的固定顺序、计划修理间隔期及其修理工作量。在修理前通常根据设备状态来确定修理内容。此方法有利于做好修理前准备工作，有利于采用先进修理技术，减少修理费用。

（3）检查后修理法

检查后修理法是指根据设备零部件的劣化资料，事先只规定检查次数和时间，而每次修理的具体期限、类别和内容均根据检查后的结果来决定。这种方法简单易行，但由于修理计划性较差，检查时有可能由于对设备状况的主观判断误差引起零件的过度劣化或故障。

4. 设备修理制度

根据修理范围的大小、修理间隔期长短、修理费用多少，设备修理可分小修理、中修理、大修理3种。

（1）小修理

小修理通常只需修复，更换部分磨损和劣化较快、使用期限小于或等于修理间隔期的零件，调整控制设备的局部结构，以保证电气控制设备正常运转到计划修理时间。

小修理的特点：修理次数多，工作量小，每次修理时间短，修理费用计入生产费用。小修理在生产现场由操作人员或维修人员执行。

（2）中修理

中修理是指对控制设备进行部分解体、修理或更换部分主要零件与基准件，或修理使用期限等于或小于修理间隔期的零件；同时检查整个电气及机械系统，紧固所有机件和电气连接，解决接触不良问题，校正设备的基准，以保证电气控制设备能恢复和达到应有的标准和技术。中修理的特点：修理次数较多，工作量不是很大，每次修理时间较短，修理费用计入生产费用。

中修理的大部分项目由专职维修人员在设备安装现场进行，修理后要组织检查验收并办理送修和承修人员交接手续。

（3）大修理

大修理是指通过更换，恢复其主要零部件和控制设备原有精度、性能和生产效率而进行的全面修理。

大修理的特点：修理次数少，工作量大，每次修理时间较长，修理费用由大修基金支付。设备大修后，质量管理部门和设备管理部门应组织使用和承修单位有关人员共同检查验收，合格后送修单位与承修单位办理交接手续。

三、维护维修工作前提

> 分组讨论：
>
> 如果维护摩托车，需要准备哪些工具、材料？

1. 必备的技术资料

一般情况下，在每次对电气设备维修前都应当具备以下资料。

（1）设备使用说明书

设备使用说明书一般由设备生产厂家编制并伴随设备提供，其中，与维修有关的内容主要有：

①设备的操作过程与步骤；

②设备电气控制原理图；

③设备主要部件的结构原理图；

④设备安装和调整的方法与步骤；

⑤设备使用的特殊功能及其说明等。

如图2-1-3所示为工业机器人出厂所带资料，包括维护维修说明书、控制柜说明书、基本操作手册、常见备件等。

（2）主要配套部分的资料

有些设备根据应用可能会有较多的功能部件，设备的自动往返机构机械标准件部分、设备加工的标准工具等，这些功能部件的生产厂家一般都提供了较完整的使用说明书，供货商应将其提供给用户，以便当功能部件发生故障时作为维修的参考。

（3）维修记录

维修记录是维修人员对设备维修过程的记录与维修的总结。维修人员应对自己所进行的每一步维修情况进行详细记录，而不管当时的判断是否正确。这样不仅有助于今后的维修工作，而且有助于维修人员总结经验，提高维修水平。如图2-1-4所示为设备维修记录单，图2-1-5所示为设备维修保养记录表。

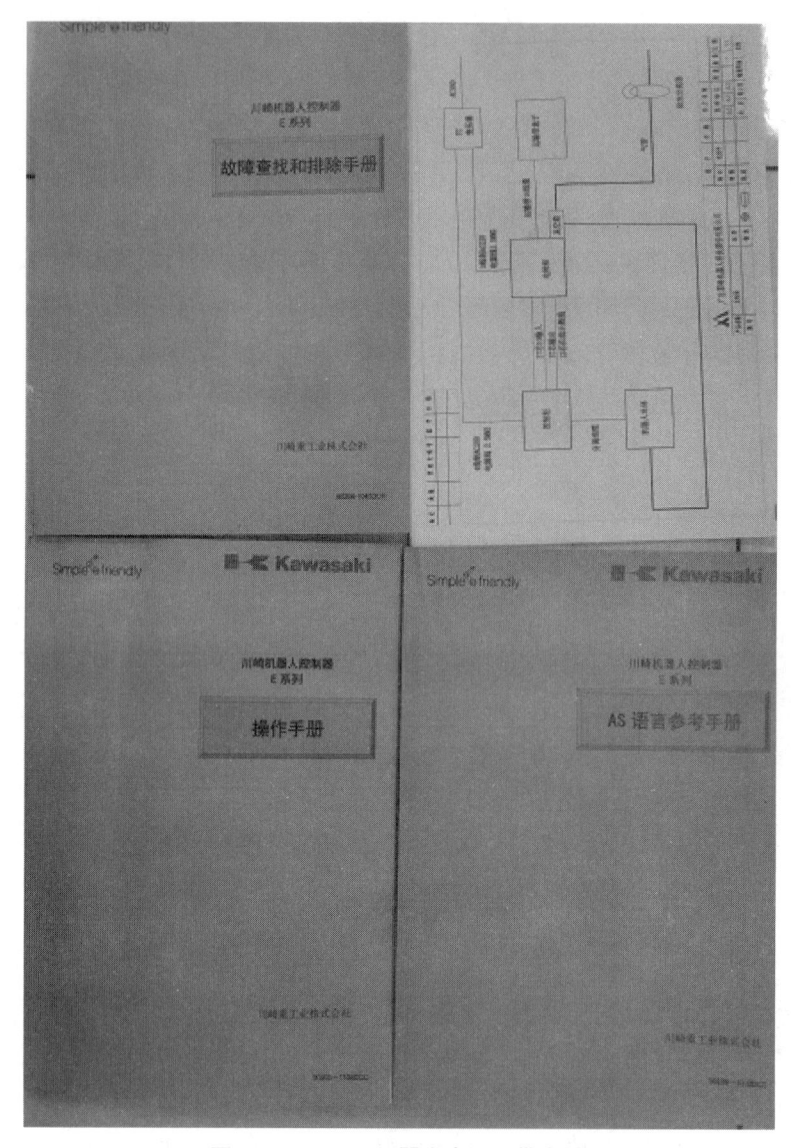

图 2-1-3　工业机器人出厂所带资料

设备维修记录单

编号　　　　　　　　　　　　　　　　　　　　　　　　　　　　　　　　　JL-QP14-04

报修部门		报修人		保修时间	
报修设备名称故障现象描述					
维修人员		维修完成时间		维修用时间	
修理结果汇报					
报修人签收		签收时间		维修点评	满意：□　一般：□

图 2-1-4　设备维修记录单

电气设备维修保养记录表

年　月　日

序号	设备名称	故障时间	维修完毕时间	故障原因	解决办法	更换配件	维修后设备状态	维修人
1								
2								
3								
4								
5								

图 2-1-5　电气设备维修保养记录表

（4）其他

有关元器件方面的技术资料也是必不可少的，如控制设备所用的元器件清单、备件清单，以及各种通用的元器件手册等。维修人员应熟悉各种常用的元器件和一些专用元器件的生产厂家及订货编号，一旦需要，能够较快地查阅到有关元器件的功能、参数及代用型号。

以上都是在理想情况下应具备的技术资料，而实际中可能难以做到。因此，在必要时，维修人员应通过现场测绘、根据平时积累的经验等完善和整理有关技术资料。

2. 对维修人员的素质要求

维修人员的素质直接决定了维修工作的效率和效果，为了迅速、准确地判断故障原因，并进行及时、有效的处理，恢复设备正常功能，要求维修人员具备以下基本素质。

（1）工作态度要端正

维修人员应有高度的责任心、良好的职业道德和端正的工作态度。

（2）具有相关专业知识

维修人员应当能根据故障现象，尽快判断产生故障的真正原因和故障部位。这就对维修人员提出了很高的要求，具体要求如下：

①具备基本的电气知识，如典型设备基本控制原理、方法；

②具备一定的电路图分析和工程识图能力；

③了解一般的维修流程及方法。

（3）勤于学习，善于学习，善于思考

一个优秀的设备维修人员不仅要注重分析问题与积累经验，而且应当勤于学习，善于学习，善于思考，找到不同设备间的相同点和不同点。

设备维修人员应透过故障的表象，针对可能产生故障的各种原因，仔细思考分析，迅速找出发生故障的根本原因并予以排除。这时，应"多动脑，慎动手"，切忌草率下结论，盲目更换元件。

（4）有较强的动手能力和操作技能

设备维修离不开实际操作，设备维修人员不仅应熟练操作设备，而且应掌握设备拆装的工艺及方法。此外，维修人员还应该熟练使用维修所必需的工具、仪器和仪表等。

（5）养成良好的工作习惯

设备维修人员要胆大心细，动手时必须有明确的目的、完整的思路、细致的操作。设备维修人员在维修时需要注意以下几个方面：

①维修前仔细思考、观察，找准切入点；

②维修过程要做好记录，尤其是对电气元器件的安装位置、导线号、系统参数等都必须做出明显的标记，以便恢复；

③维修完成后，应做好"收尾"工作，将系统的罩壳、紧固件等安装好，将电线、电缆整理整齐，详细填写维修记录。

四、电机正反转控制电路分析

在实际生产中，经常要求电动机能够实现正反两个方向的转动，例如，电葫芦的升降。因此，只要将电动机三相电源进线汇总的任意两相对调，改变旋转磁场的方向，就可以改变电动机的转动方向。

电动机互锁正反转控制电路原理图如图2-1-6所示。

1. 控制流程分析

手动点动一下按钮SB2，电机正向运转，手动点动一下按钮SB1，电机停止运转，手动点动一下按钮SB3，电机反向运转，手动点动一下按钮SB1，电机再次停止运转。

2. 电路组成

电路由主电路和控制电路组成。

主电路：电源开关QF，熔断器FU，交流接触器KM1主触点，交流接触器KM2主触点，热继电器FR及三相交流异步电机M。

控制电路：按钮SB2、SB3的常开触点，按钮SB1的常闭触点，热继电器FR常闭辅助触点，交流接触器KM1、KM2的常开辅助触点及线圈。

> 分组讨论：
>
> 根据电动机互锁正反转控制电路原理图，简述控制原理。

3. 控制原理

（1）正向起动过程

按下启动按钮SB2，接触器KM1线圈通电，与SB2并联的KM1辅助常开触点闭合，以保证KM1线圈持续通电，交流接触器KM2线圈控制回路中的KM1辅助常闭触点断开，避免KM2线圈得电，串联在电动机回路中的KM1主触点持续闭合，电动机连续正向运转，绿色指示灯点亮。

（2）停止过程

按下停止按钮SB1，接触器KM1线圈断电，与SB2并联的KM1辅助触点断开，以保证

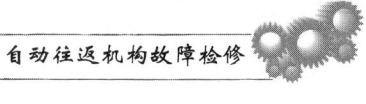

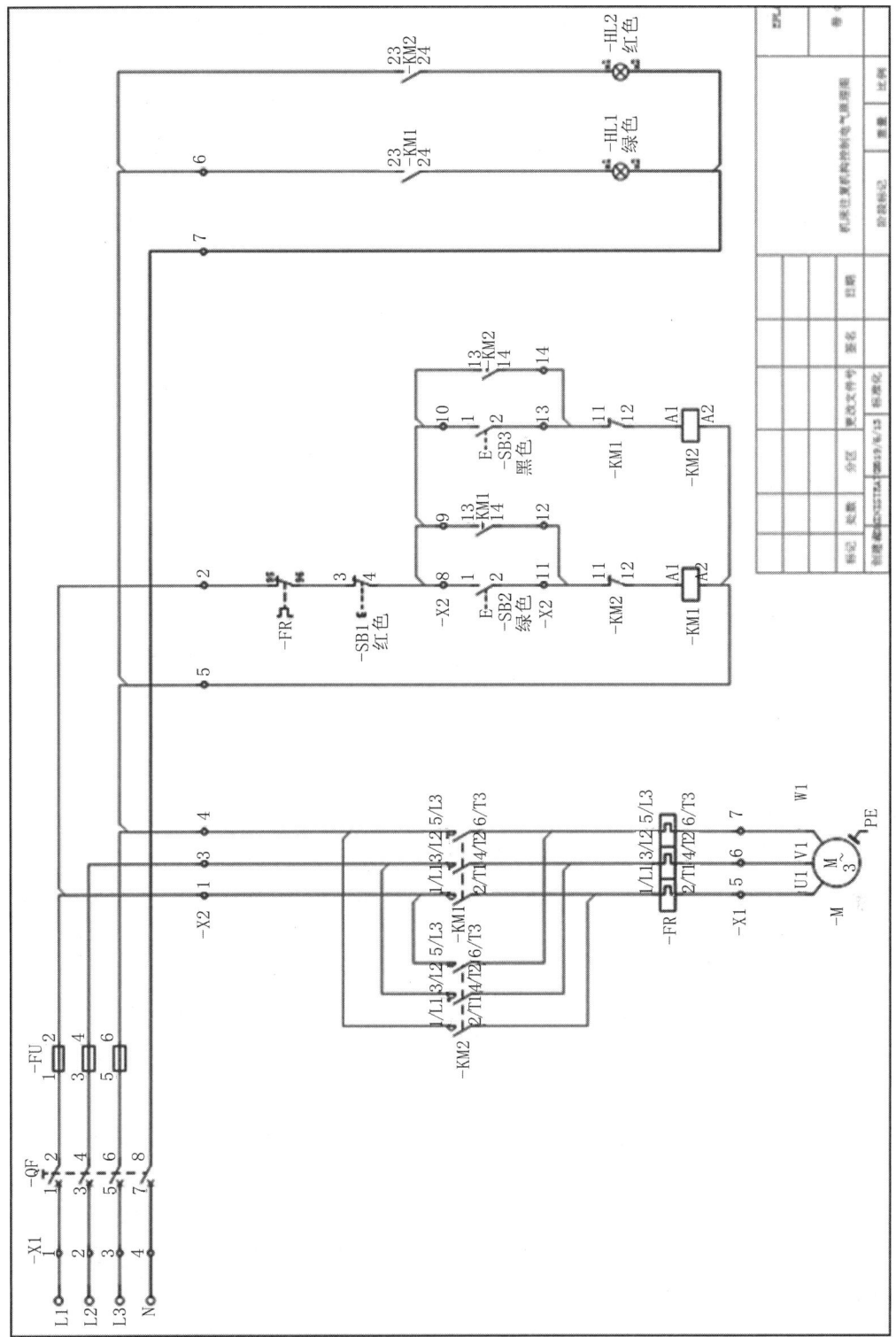

图2-1-6 电动机互锁正反转控制电路原理图

KM1线圈持续失电，串联在电动机回路中的KM1主触点持续断开，切断电动机电源，电动机停转，绿色指示灯熄灭。

（3）反向起动过程

按下启动按钮SB2，接触器KM2线圈通电，与SB2并联的KM2辅助常开触点闭合，以保证线圈持续通电，交流接触器KM1线圈控制回路中的KM2辅助常闭触点断开，避免KM1线圈得电，串联在电动机回路中的KM2主触点持续闭合，电动机连续反向运转，红色指示灯点亮。

（4）停止过程

按下停止按钮SB1，接触器KM2线圈断电，与SB3并联的KM2辅助触点断开，以保证KM2线圈持续失电，串联在电动机回路中的KM2主触点持续断开，切断电动机电源，电动机停转，红色指示灯熄灭。

五、电机正反转故障分析

电机正反转的常见故障有电机正转无法启动、电机反转无法启动、电机发出"嗡嗡"的声响但是无法启动，以及电路元器件自身故障等。

1. 电气故障检修基本方法

电气故障检修，主要靠理论知识和实际经验，根据具体故障作具体分析，但也必须掌握一些基本的检修方法。

（1）直观法

通过问、看、听、摸、闻来发现异常情况，从而找出故障电路和故障所在部位。

①问：向现场操作人员了解故障发生前后的情况。例如故障发生前是否过载、频繁启动和停止；故障发生时是否有异常声音和振动、有没有冒烟和冒火等现象。

②看：仔细察看各种电气元件的外观变化情况。例如触点是否烧融、氧化，熔断器熔体熔断指示器是否跳出，热继电器是否脱扣，导线和线圈是否烧焦，热继电器整定值是否合适，瞬时动作整定电流是否符合要求等。

③听：主要听有关电气在故障发生前后声音是否有差异。例如听电动机启动时是否只嗡嗡响而不转，接触器线圈得电后是否噪声很大等。

④摸：故障发生后，断开电源，用手摸或轻轻推拉导线及电气的某些部位，以察觉异常变化。例如摸电动机、自耦变压器和电磁线圈表面，感觉温度是否过高；轻拉导线，看连接是否松动；轻推电气活动机构，看移动是否灵活等。

⑤闻：故障出现后，断开电源，靠近电动机、自耦变压器、继电器、接触器、绝缘导线等处，若闻出有焦味，则表明电气绝缘层已被烧坏，主要原因则是由于过载、短路或三相电流严重不平衡等故障造成的。

（2）状态分析法

发生故障时，针对电气设备所处的状态进行分析的方法，称为状态分析法。

电气设备的运行过程可以分解成若干个连续的阶段，这些阶段也可称为状态。任何电气设备都处在一定的状态下工作，如电动机工作过程可以分解成启动、运转、正转、反转、高速、

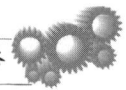

低速、制动、停止等工作状态。电气故障如果总是发生于某一状态,而在这一状态中,各种元件处于什么状态,这正是分析故障的重要依据。例如,电动机正反转控制启动时,哪些元件工作,哪些触点闭合等,因而检修电动机启动故障时要注意这些元件的工作状态。状态划分得越细,对检修电气故障越有利。一种设备或装置,其中的部件和零件可能处于不同的运行状态,查找其电气故障时必须将各种运行状态区分清楚。

以下为某一维修案例分析。

①故障现象:电动机正反转控制中,正转启动正常,反转启动时控制反转的交流接触器主触点闭合,但电机发出"嗡嗡"的声响,电机无法反转启动。

②故障分析:按下反转按钮后,控制反转启动的交流接触器可以闭合,说明控制电路没有故障,故障发生在主电路,根据发出"嗡嗡"的声响可判断是电动机缺相。

③故障处理:

步骤1:检修前先断开电源开关QF,将万用表的转换开关置于交流电压750挡,检测无电后,拆除主轴电动机的电源线。

步骤2:合上断路器QF,按下按钮SB3,然后测量X1端子5、6、7两两之间的电压。故障分析见表2-1-3。

表2-1-3 根据L1 L2 L3两两之间的电压分析故障

量点	测量值			
X1-5、X1-6	380V	0V	0V	380V
X1-5、X1-7	380V	0V	380V	0V
X1-6、X1-7	380V	380V	0V	0V
故障分析	正常	L1缺相	L2缺相	L3缺相

实际测量后发现X1-5、X1-6之间的电压为380V,X1-5与X1-7、X1-6与X1-7之间的电压均为0V,说明L3缺相。

根据故障点情况,断开断路器QF,更换熔断器中同规格保险后故障排除。

(3)图纸分析法

电气图是用以描述电气装置的构成、原理、功能,提供装接和使用维修信息的工具。检修电气故障常常需要将实物和电气图对照进行。

设备布置接线图是一种按设备大致形状和相对位置画成的图,这种图主要用于设备的安装和接线,对检修电气故障也十分有用。除了设备布置图外,还需要电气原理图。如图2-1-7所示为电动机互锁正反转控制电气布置接线图。

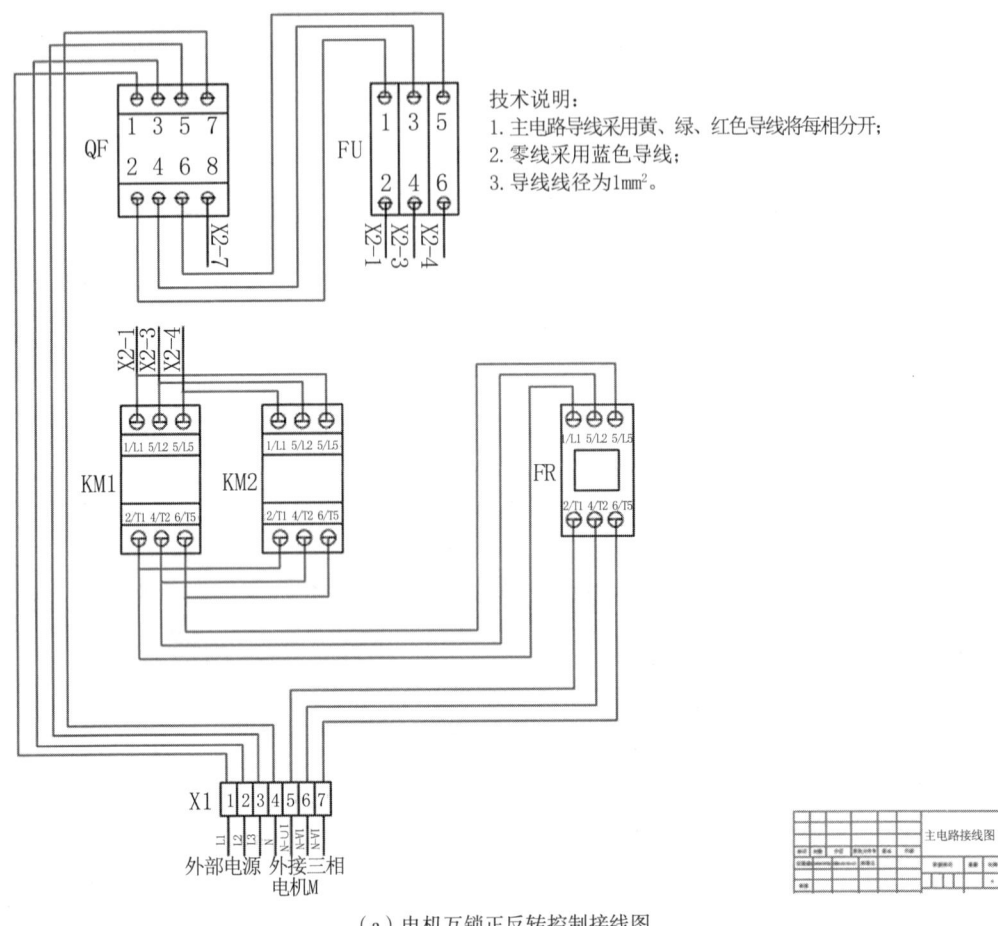

技术说明：
1. 主电路导线采用黄、绿、红色导线将每相分开；
2. 零线采用蓝色导线；
3. 导线线径为1mm²。

（a）电机互锁正反转控制接线图

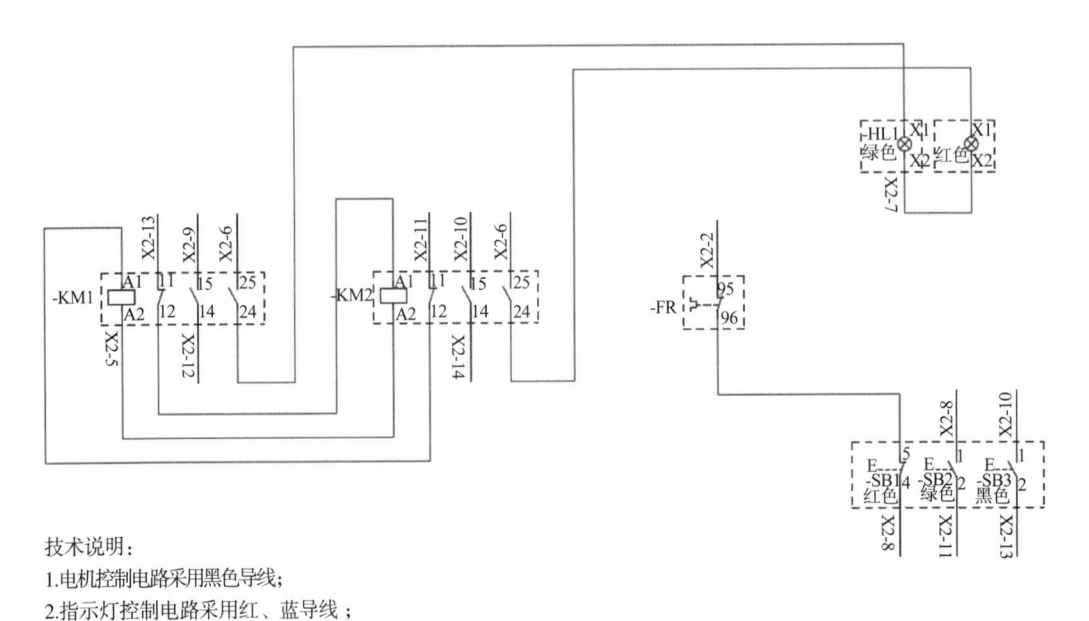

技术说明：
1. 电机控制电路采用黑色导线；
2. 指示灯控制电路采用红、蓝导线；
3. 导线线径为1mm²。

（b）电机互锁正反转控制接线图

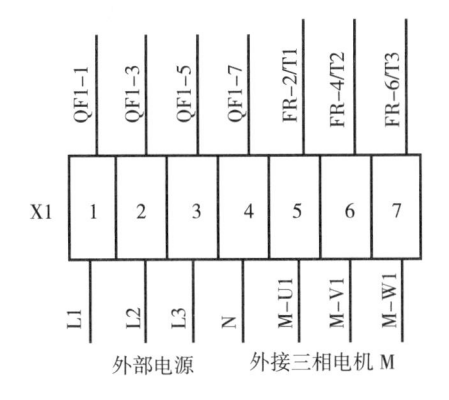

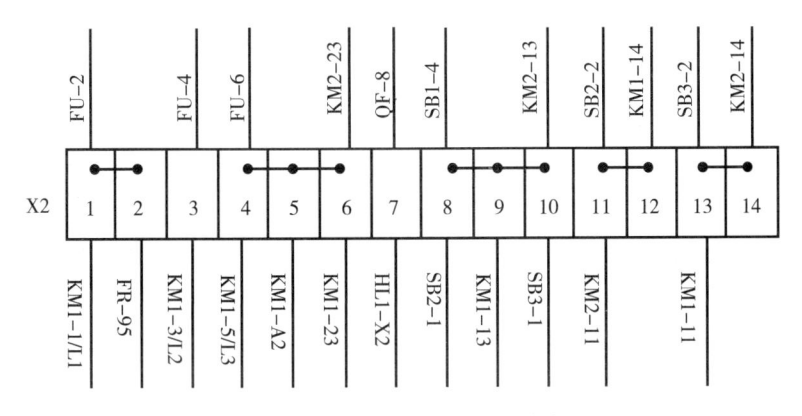

（c）电机互锁正反转控制端子排接线图

图 2-1-7　电动机互锁正反转控制电气布置接线图

（4）回路分割法

一个复杂的电路总是由若干个回路构成的，每个回路都具有特定的功能，电气故障就意味着某个功能丧失，因此电气故障也是发生在某个或某几个回路中。将回路分割，实际上简化了电路，缩小了故障查找范围。回路就是闭合的电路，它通常包括电源和负载。

例如，正反转控制电路中可将电路分割成正转主电路、反转主电路、正转控制电路、反转控制电路、指示灯电路。对应功能出现故障时，可根据不同功能回路进行排除。

（5）类比法和替换法

当对故障设备的特性、工作状态等不十分了解时，可采用与同类完好设备进行比较，即与同类非故障设备的特性、工作状态等进行比较，从而确定设备故障的原因，这种方法称为类比法。例如，一个线圈是否存在匝间短路，可通过测量线圈的直流电阻来判定，但直流电阻多大才是完好的却无法判别。这时可以与一个同类型且完好的线圈的直流电阻值进行比较来判别。

替换法即用完好的电气替换可疑电气，以确定故障原因和故障部位。例如，某装置中一个热继电器损坏，可以用一个同类型且完好的热继电器予以替换，如果设备恢复正常，则故障部位就是这个热继电器。用于替换的电器应与原电器的规格、型号一致，且导线连接应正确、牢固，以免发生新的故障。

（6）电位、电压分析法

在不同的状态下，电路中各点具有不同的电位分布，因此，可以测量和分析电路中某些点的电位及其分布，以确定电路故障的类型和部位。这种方法最常用。

（7）测量法

测量法，即用电气仪表测量某些电参数的大小，通过与正常数值的对比，来确定故障部位和故障原因。

①测量电压法：用万用表AC 750V挡测量电源主电路电压以及各接触器和继电器线圈各控制回路两端的电压，若发现所测处电压与额定电压不相符（超过10%以上），则为故障可疑处。

②测量电流法：用钳形电流表或交流电流表测量主电路及有关控制回路的工作电流，若所测电流值与设计电流值不相符（超10%以上），则该电路为故障可疑处。

③测量电阻法：断开电源，用万用表欧姆挡测量有关部位的电阻值，若所测电阻值与要求的电阻值相差较大，则该部位极有可能就是故障点。一般来讲，触点接通时，电阻值趋近于0，断开时电阻值为∞；导线连接牢靠时，连接处的接触电阻也趋于0，连接处松脱时，电阻值则为∞；各种绕组（或线圈）的直流电阻也很小，往往只有几欧姆至几百欧姆，而断开后的电阻值为∞。

④测量绝缘电阻法：断开电源，用兆欧表测量电气元件和线路对地以及相间绝缘电阻值。电器绝缘层绝缘电阻规定不得小于$0.5M\Omega$。绝缘电阻值过小，是造成相线与地、相线与相线、相线与中性线之间漏电和短路的主要原因，若发现这种情况，应着重予以检查。

（8）试探分析法

试探分析法，也叫再现故障法。在确保设备安全的情况下，可以通过一些试探的方法确定故障部位。例如，通电试探或强行使某继电器动作等，以发现和确定故障的部位。接通电源，按下启动按钮，让故障现象再次出现，以找出故障所在。再现故障时，主要观察有关继电器和接触器是否按要求进行工作，若发现某一个电气工作不正常，则说明该电气所在回路或相关回路有故障，再对此回路做进一步检查，便可发现故障原因和故障点。

（9）菜单法

根据故障现象和特征，将可能引起这种故障的各种原因顺序罗列出来，然后逐个查找和验证，直到确认真正的故障原因和故障部位。此方法最适合初学者使用。

2. 电气故障检修的一般步骤

（1）观察和调查故障现象

电气故障现象是多种多样的。例如，同一类故障可能有不同的故障现象，不同类的故障可能有同种故障现象，这种故障现象的同一性和多样性，使查找故障具有复杂性。

但是，故障现象是检修电气故障的基本依据，是电气故障检修的起点，因而要对故障现象进行仔细观察、分析，找出故障现象中最主要的、最典型的方面，搞清故障发生的时间、地点、环境等。

（2）分析故障原因——初步确定故障范围、缩小故障部位

根据故障现象分析故障原因是电气故障检修的关键。分析的基础是电工电子基本理论，是

对电气设备的构造、原理、性能的充分理解,是电工电子基本理论与故障实际的结合。某一电气故障产生的原因可能很多,重要的是在众多原因中找出最主要的原因。

(3)确定故障部位———判断故障点

确定故障部位是电气故障检修的最终目的和结果。确定故障部位可理解为确定设备的故障点,如短路点、损坏的元器件等,也可理解为确定某些运行参数的变异,如电压波动、三相不平衡等。

确定故障部位是在对故障现象进行周密的考察和细致分析的基础上进行的。在这一过程中,往往要采用下面将要介绍的多种手段和方法。在完成上述工作过程中,实践经验的积累起着重要的作用。

实训 1　电机缺相故障排除

实训名称	电机缺相故障排除
实训内容	在电机正反转盘上设定电机缺相故障,使学生掌握电机缺相的故障分析,掌握电机缺相故障的排除方法
实训目标	1. 掌握维修维护工具的使用; 2. 掌握故障分析的方法; 3. 能够排除电机正反转缺相的故障
实训课时	4课时
实训地点	电气设备装调实训室

实训 2　电机反转无法启动故障排除

实训名称	电机反转无法启动故障排除
实训内容	在电机正反转配盘上设定反转无法启动故障,使学生掌握反转无法启动故障的原因,及其排除方法
实训目标	1. 熟悉电路原理图分析故障的方法; 2. 掌握电工测量工具的使用方法; 3. 能够排除反转无法启动的故障
实训课时	4课时
实训地点	电气设备装调实训室

实训3　电机正反转都无法启动故障排除

实训名称	电机正反转都无法启动故障排除
实训内容	在电机正反转配盘上设定电机正反转都无法启动故障，使学生掌握电机正反转都无法启动故障的原因及其排除方法
实训目标	1. 掌握维修维护工具的使用； 2. 掌握故障分析的方法； 3. 能够按照操作规范进行电机正反转故障的排除
实训课时	4课时
实训地点	电气设备装调实训室

练习题

1. 判断题

（1）设备的寿命在很大程度上取决于维护保养的好坏。　　　　　　　　　　（　　）

（2）事后修理是比较原始的设备维修制度。　　　　　　　　　　　　　　　（　　）

（3）在生产中起重要作用的或故障风险大于维修风险的设备，应采用预防维修方式。
　　　　　　　　　　　　　　　　　　　　　　　　　　　　　　　　　　（　　）

（4）在设备日常维护中，每班维护不包括办好交接班手续。　　　　　　　　（　　）

2. 选择题

（1）以下属于故障判断中的直观判断法的是（　　　　）。

　　　A. 问　　　　　B. 看　　　　　C. 听　　　　　D. 摸

（2）设备修理中更换主要零部件的修理为（　　　　）。

　　　A. 小修理　　　B. 中修理　　　C. 大修理　　　D. 定期修理

（3）维护维修提前准备的资料不包括（　　　　）。

　　　A. 设备使用说明书　　　　　　B. 主要配套部分的资料

　　　C. 维修记录　　　　　　　　　D. 类似设备资料

3. 简答题

（1）设备日常维护的基本要求有哪些？

（2）简述设备维修方式的特点及应用范围。

（3）简述电动机互锁正反转控制电路中主电路和控制电路的组成。

任务完成报告

姓名		学习日期	
任务名称	电机正反转故障检修		
学习自评	考核内容	完成情况	
	1. 维护维修的概念	□好　□良好　□一般　□差	
	2. 维护维修工作前提	□好　□良好　□一般　□差	
	3. 电机正反转控制原理	□好　□良好　□一般　□差	
	4. 电机正反转故障分析	□好　□良好　□一般　□差	
学习心得			

任务2　自动往返机构电气故障检修

自动往返机构广泛应用在机床、电葫芦以及自动化设备中。本任务以简单机床电路中的自动往返机构为例，介绍自动往返机构电路的识读以及典型故障的排除方法及流程。其中，重点内容为自动往返机构控制电路的识读，难点内容为自动往返机构故障的排除。

本任务的最终目标是：根据自动往返机构电气原理图，完成故障的排除，使机构达到正常运行的状态。

知识目标：
①掌握自动往返机构电路图纸的识读方法；
②掌握自动往返机构故障的排除方法。

能力目标：
①能够识读自动往返机构的电路图；

②能够掌握故障排除的思路及方法。

学习内容：

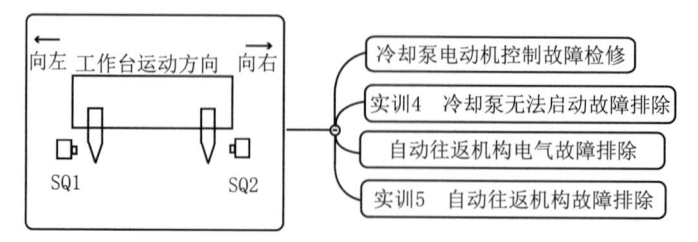

```
← 工作台运动方向 →
向左              向右
    SQ1      SQ2
```
— 冷却泵电动机控制故障检修
— 实训4 冷却泵无法启动故障排除
— 自动往返机构电气故障排除
— 实训5 自动往返机构故障排除

自动往返机构的电气控制包括：冷却泵电机控制、自动往返机构控制、照明电路控制等。下面详细介绍冷却泵电机控制、自动往返机构电气故障检修。

一、冷却泵电动机控制故障检修

冷却泵电机采用直接启动的方式，冷却泵主电路控制原理图如图 2-2-1 所示，控制电路原理图如图 2-2-2 所示。

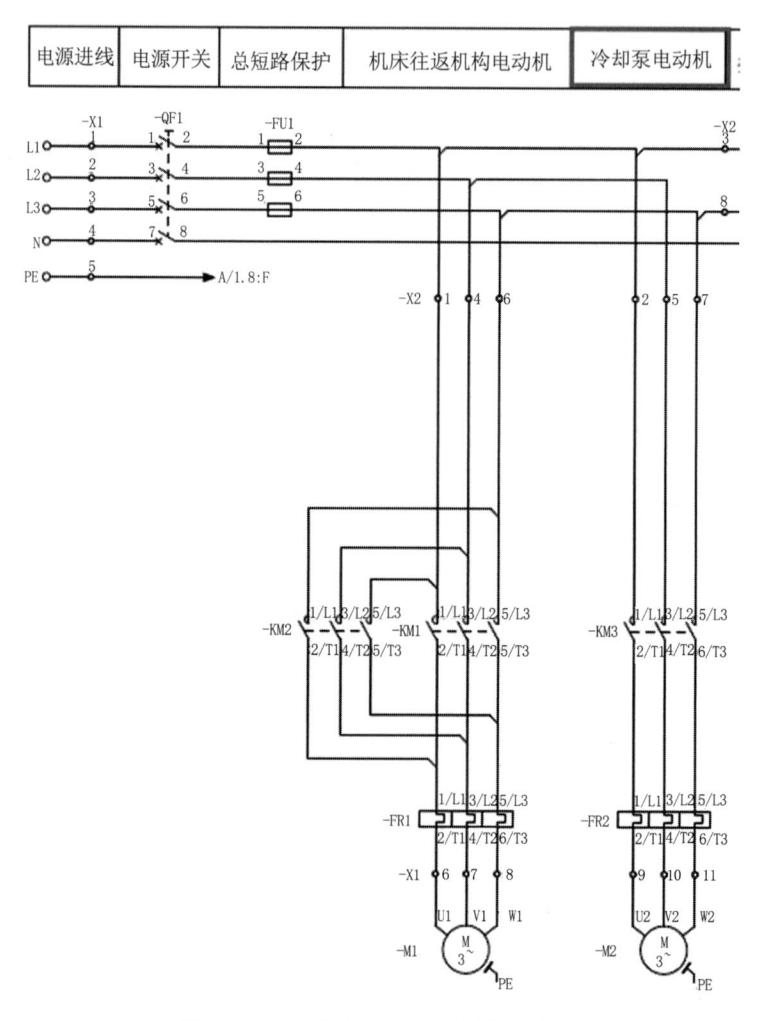

图 2-2-1 冷却泵主电路控制原理图

控制电路保护	机床往返机构控制		冷却泵电动机控制
	前进控制	后退控制	

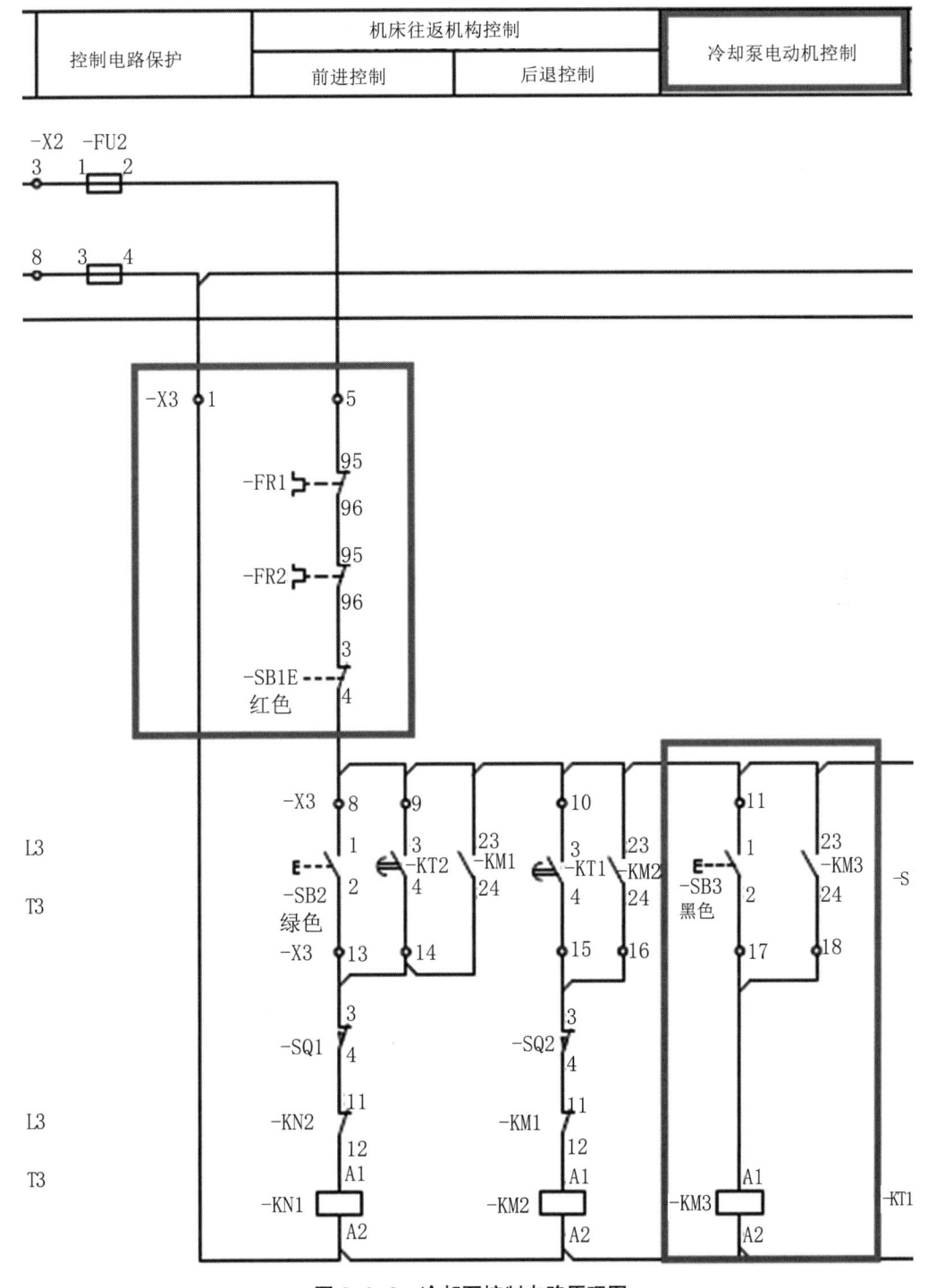

图 2-2-2 冷却泵控制电路原理图

控制原理：闭合 QF1，将电源引入电路，按下按钮 SB3（黑色），接触器 KM3 线圈得电，主触头吸合，冷却泵电机得电运行，交流接触器的辅助常开触头 23—24 闭合自锁，交流接触器线圈一直得电；按下按钮 SB1（红色），接触器 KM3 主触点断开，冷却泵电机停止运转。

实训 4　冷却泵无法启动故障排除

实训名称	冷却泵无法启动故障排除
实训内容	根据冷却泵的主电路和控制电路原理图，按照规范，正确使用工具对冷却泵无法启动的故障进行排除
实训目标	1. 掌握维修维护工具的使用； 2. 掌握故障分析的方法； 3. 能够按照操作规范进行冷却泵故障的排除
实训课时	4 课时
实训地点	电气设备装调实训室

二、自动往返机构电气故障排除

自动往返机构示意图如图 2-2-3 所示。电机正转，往返机构向左运动；电机反转，往返机构向右运动。

图 2-2-3　机床往返机构示意图

自动往返机构控制原理图如图 2-2-4 所示。

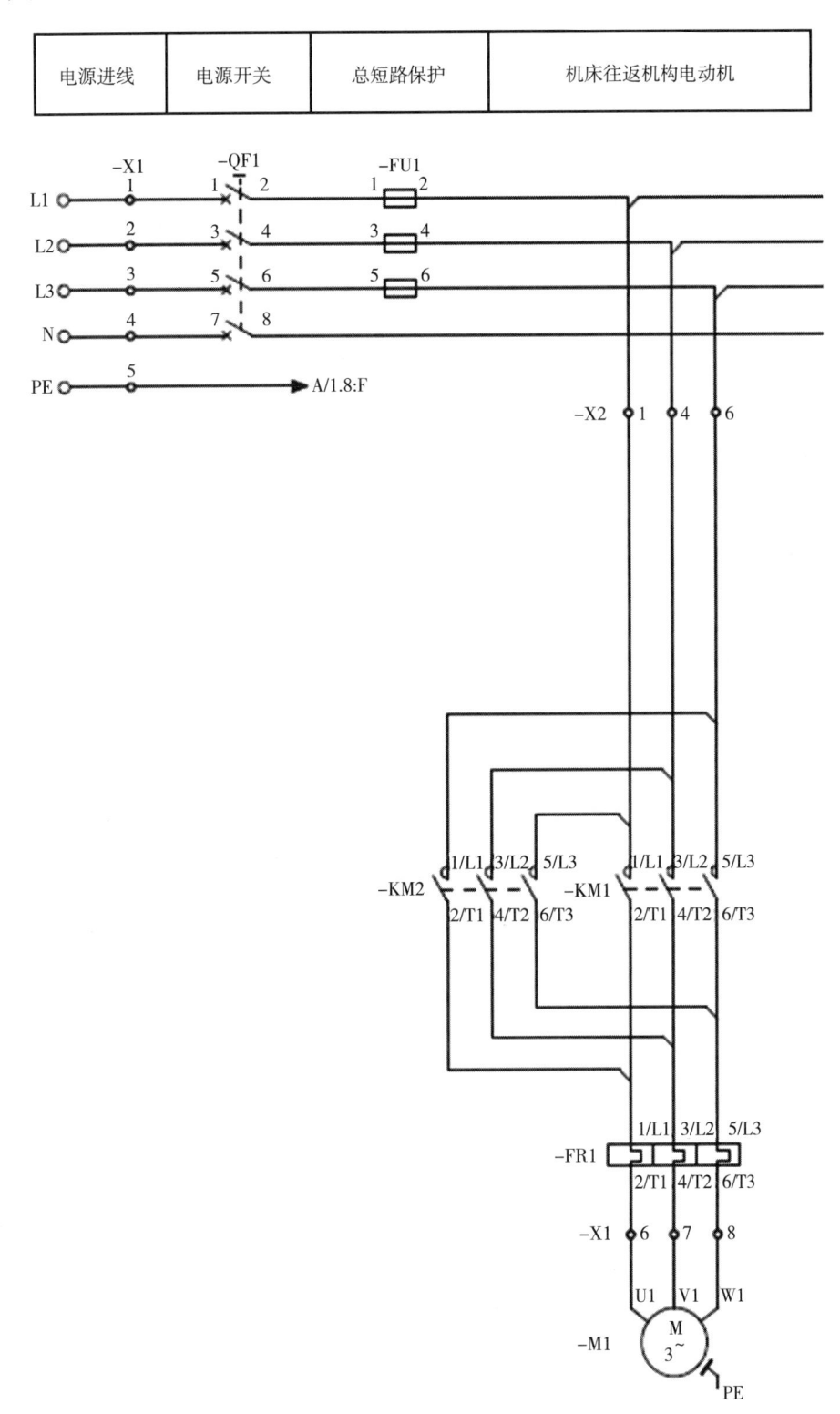

| 电源进线 | 电源开关 | 总短路保护 | 机床往返机构电动机 |

（a）自动往返机构主电路原理图

图 2-2-4

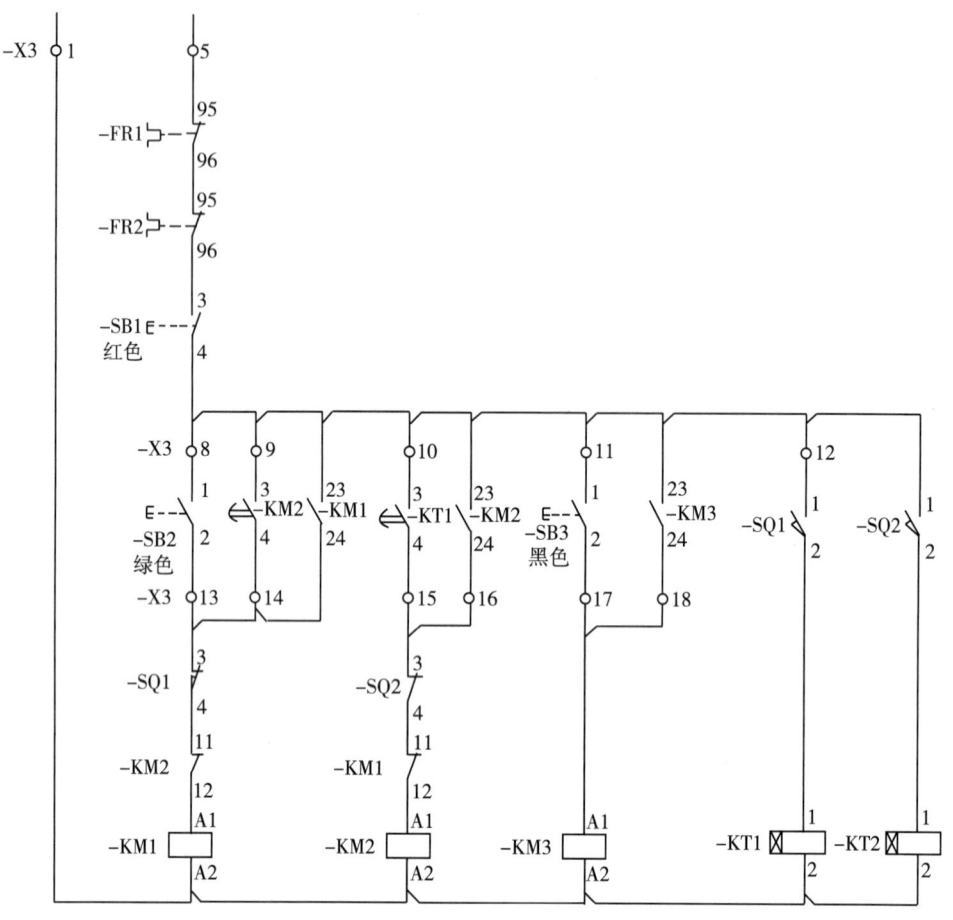

(b)自动往返机构控制电路原理图

图 2-2-4 自动往返机构控制原理图

自动往返机构的控制原理与电机正反转控制原理类似，区别是控制正反转的元器件不同，控制流程如下：

①闭合断路器 QF1，将电源引入电路；

②按下启动按钮 SB2，交流接触器 KM1 线圈得电，KM1 主触头闭合，电机正转，绿色指示灯亮，往返机构向左运动；

③电机运行带动往返机构到达正向限位位置，行程开关 SQ1 的推杆被按下，KM1 线圈失电，KM1 主触头断开，电机正转停止，绿色指示灯熄灭；

④行程开关 SQ1 的常开触点 1—2 闭合，时间继电器线圈得电，到达延时时间后（延时时间建议设定为 3~5s），时间继电器 KT1 的常开触点 3—4 闭合，交流接触器 KM2 线圈得电，KM2 主触头闭合，电机得电，反向运行，红色指示灯亮，往返机构向右运动；

⑤往返机构运动到右限位位置后，行程开关 SQ2 的推杆被按下，交流接触器 KM2 线圈失电，KM2 主触头断开，电机停止转动，红色指示灯熄灭，往返机构停止运动；

⑥行程开关常开触点 1—2 闭合，时间继电器 KT2 线圈得电，到达延时时间后（延时时间建议设定为 3~5s），时间继电器 KT2 的常开触点 3—4 闭合，交流接触器 KM1 线圈得电，KM1 主触头闭合，电机得电，正向运行，绿色指示灯亮，往返机构向左运动。

实训 5　自动往返机构故障排除

实训名称	自动往返机构故障排除
实训内容	根据上学期机床配盘项目，在接线盘上设定机床故障，按照操作规范进行自动往返机构故障排查
实训目标	1. 掌握维修维护工具的使用方法； 2. 掌握故障分析的方法； 3. 能够按照操作规范完成自动往返机构故障的排除
实训课时	6课时
实训地点	电气设备装调实训室

练习题

简答题

（1）简述冷却泵电动机控制原理。

（2）简述自动往返机构的控制流程。

任务完成报告

姓名		学习日期	
任务名称	自动往返机构电气故障检修		
学习自评	考核内容	完成情况	
	1. 说出冷却泵电动机控制原理	□好　□良好　□一般　□差	
	2. 说出自动往返机构的工作原理	□好　□良好　□一般　□差	
	3. 能够排除冷却泵电气故障	□好　□良好　□一般　□差	
	4. 能够排除自动往返机构电气故障	□好　□良好　□一般　□差	
学习心得			

项目 3　典型机床电气故障检修

机床是一种复杂的机电一体化设备，其故障发生的原因一般比较复杂，这给故障的诊断和排除带来不少的困难。本项目以常用的 CA6140 车床和 X62W 铣床为例讲解机床故障的排除。本项目要实现的具体任务描述如下：

① CA6140 车床电路原理图识读及故障排除；

② X62W 铣床电路原理图识读及电气故障排除。

根据项目最终目标，本项目主要分为 2 个任务：

任务 1　CA6140 车床故障检修。通过讲解 CA6140 车床的主要结构和运动形式、维护维修的分类、控制电路分析、典型故障的分析及排除、车床的设备管理，使学生熟悉 CA6140 车床的结构及运动形式，CA6140 车床控制电路图及控制原理，掌握 CA6140 车床的典型故障分析及排除方法。

任务 2　X62W 万能铣床故障检修。通过讲解 X62W 万能铣床的主要结构和运动形式、控制电路分析、典型故障的分析及排除，使学生熟悉 X62W 万能铣床的主要结构及运动形式，X62W 万能铣床的控制原理，掌握 X62W 万能铣床的典型故障分析及排除方法。

任务 1　CA6140 车床故障检修

CA6140 车床是机械设备制造企业所必需的设备，也是最常用的车床。CA6140 车床故障会直接影响订单的生产与加工，所以本任务对 CA6140 车床的主要结构、运动形式、维护维修方法、设备管理要求、控制电路原理、典型故障进行讲解。其中，重点内容为 CA6140 车床典型故障分析及排除，难点内容为 C6140 车床控制电路分析。

本任务的最终目标是：能够识读 CA6140 车床电气控制原理图，按照故障排除的一般流程及规范完成 CA6140 车床故障的排除。

知识目标：

①了解 CA6140 车床的主要结构和运动形式；

②了解 CA6140 车床维护维修方法；

③了解 CA6140 车床控制电路；

④掌握 CA6140 车床典型故障分析及排除方法。

能力目标：

①熟悉 CA6140 车床主要结构和运动形式；

②能够识读 CA6140 车床的控制电路图，理解控制电路工作原理；
③能够理解 CA6140 车床的维护维修方法及设备管理要求；
④能够分析并排除 CA6140 车床的典型故障。

学习内容：

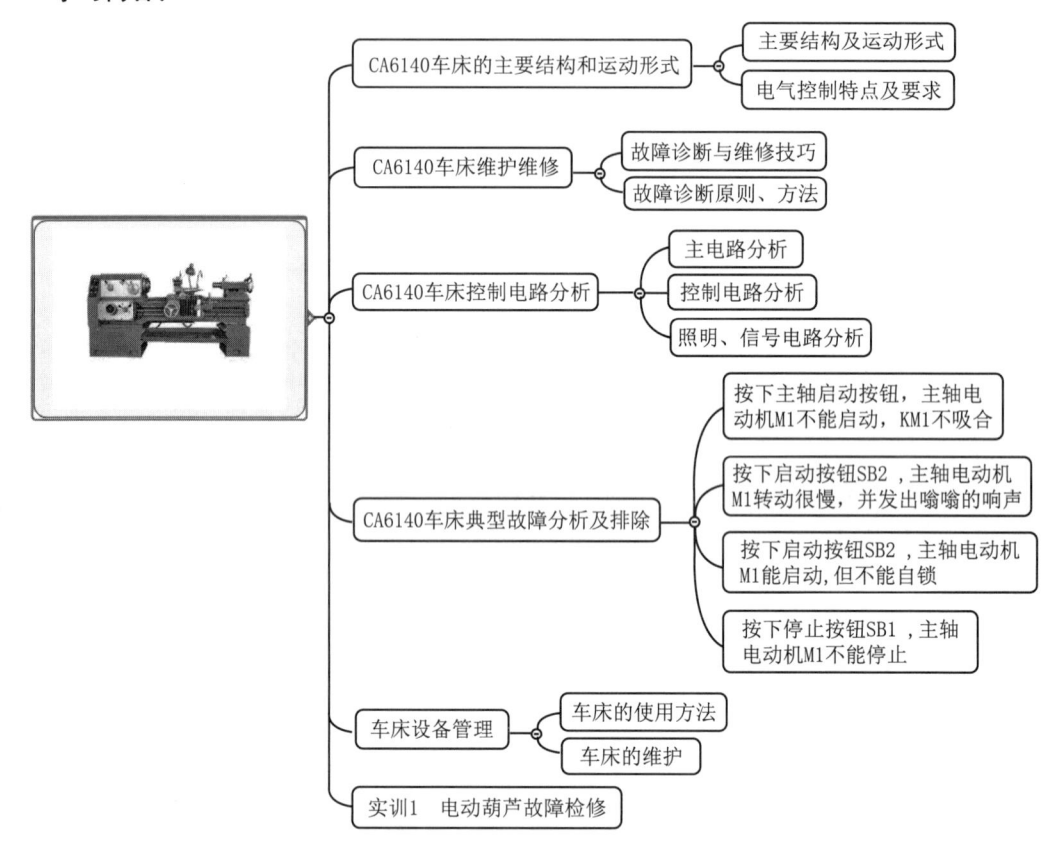

- CA6140 车床的主要结构和运动形式
  - 主要结构及运动形式
  - 电气控制特点及要求
- CA6140 车床维护维修
  - 故障诊断与维修技巧
  - 故障诊断原则、方法
- CA6140 车床控制电路分析
  - 主电路分析
  - 控制电路分析
  - 照明、信号电路分析
- CA6140 车床典型故障分析及排除
  - 按下主轴启动按钮，主轴电动机 M1 不能启动，KM1 不吸合
  - 按下启动按钮 SB2，主轴电动机 M1 转动很慢，并发出嗡嗡的响声
  - 按下启动按钮 SB2，主轴电动机 M1 能启动，但不能自锁
  - 按下停止按钮 SB1，主轴电动机 M1 不能停止
- 车床设备管理
  - 车床的使用方法
  - 车床的维护
- 实训 1　电动葫芦故障检修

一、CA6140 车床的主要结构和运动形式

1. 主要结构及运动形式

CA6140 车床是一种应用极为广泛的金属切削通用机床，能够车削外圆、内圆端面螺纹、螺杆以及车削定型表面，也可以用于钻头、铰刀、镗刀等加工。图 3-1-1 为 CA6140 车床的外形与型号。

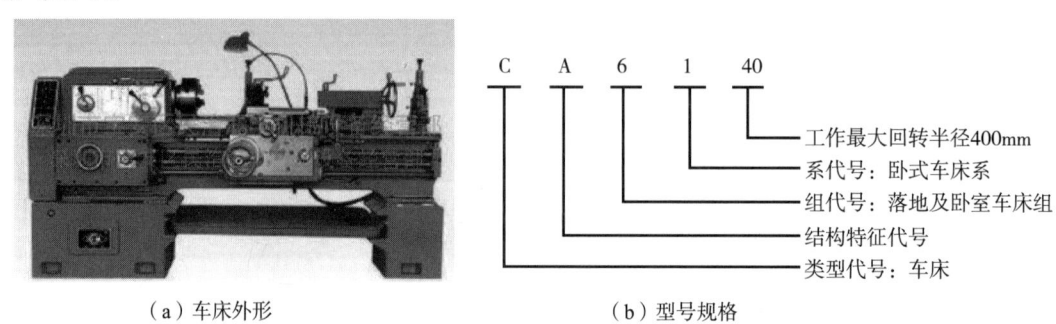

CA6140
- 工作最大回转半径 400mm
- 系代号：卧式车床系
- 组代号：落地及卧室车床组
- 结构特征代号
- 类型代号：车床

（a）车床外形　　（b）型号规格

图 3-1-1　CA6140 车床外形与型号

(1）主要结构

图 3-1-2 为 CA6140 普通车床的结构示意图。它主要由床身、主轴、进给箱、溜板箱、刀架、丝杆、光杆、尾座等部分组成。

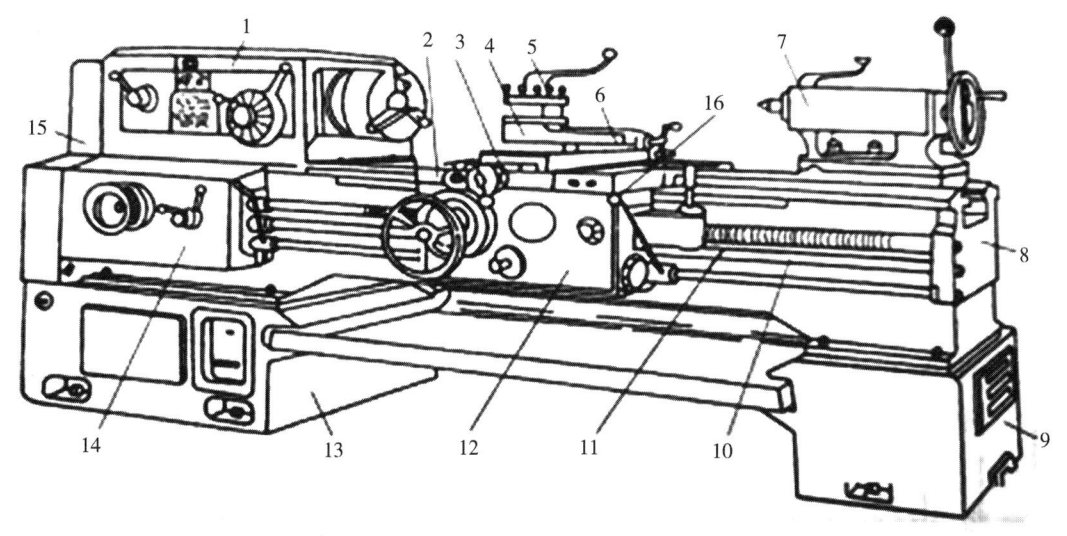

图 3-1-2　CA6140 型普通车床的结构示意图

1—主轴箱；2—纵溜板；3—横溜板；4—转盘；5—方刀架；6—小溜板；
7—尾架；8—床身；9—右床座；10—光杠；11—丝杠；12—溜板箱；
13—左床座；14—进给箱；15—挂轮架；16—操纵手柄

(2）运动形式

车床的运动形式分为切削运动、进给运动、辅助运动。

车床的切削运动包括工件旋转的主运动和刀具的直线进给运动。根据工件的材料性质、车刀材料及几何形状、工件直径、加工方式及冷却条件的不同，要求主轴有不同的切削速度。

车床的进给运动是刀架带动刀具的直线运动。溜板箱把丝杆或光杆的转动传递给刀架部分，变换溜板箱外的手柄位置，经刀架部分使车床做纵向或横向进给。

车床的辅助运动为机床上除切削运动以外的其他一切必需的运动，如尾架的纵向移动，工件的夹紧与放松等。

2. 电气控制特点及要求

CA6140 普通车床是一种中型车床，除有主轴电动机 M1 和冷却泵电动机 M2 外，还设置了刀架快速移动电动机 M3。它具有以下控制特点。

①主拖动电动机一般选用三相笼型异步电动机，为满足调速要求，采用机械变速。

②为车削螺纹，主轴要求正、反转。采用机械方法来实现。

③采用齿轮箱进行机械有级调速。主轴电动机采用直接启动，为实现快速停车，一般采用机械制动。

④设有冷却泵电动机且要求冷却泵电动机在主轴电动机启动后方可选择启动与否；当主轴电动机停止时，冷却泵电动机应立即停止。

⑤为实现溜板箱的快速移动，由单独的快速移动电动机拖动，采用点动控制。

二、CA6140车床维护维修

1. 故障诊断与维修技巧

（1）电气故障检修的一般方法

电气故障调查通过"问、看、听、摸、闻"来发现异常情况，从而找出故障点和故障所在部位。

①问：向现场操作人员了解故障发生前后的情况。例如故障发生前是否过载、频繁启动和停止；故障发生时是否有异常声音和振动、有没有冒烟和冒火等现象。

②看：仔细察看各种电器元件的外观变化情况。例如看触点是否烧融、氧化，熔断器熔体熔断指示器是否跳出，导线和线圈是否烧焦，热继电器整定值是否合适，整定电流是否符合要求等。

③听：主要听相关电气设备在故障发生前后声音是否不同。例如电动机启动时"嗡嗡"响而不转，接触器线圈得电后噪声很大等。

④摸：故障发生后，断开电源，用手触摸或轻轻推拉导线及电气设备的某些部位，以察觉异常变化。例如摸电动机、自耦变压器和电磁线圈表面，感觉温度是否过高；轻拉导线，看连接是否松动；轻推电气活动机构，看移动是否灵活等。

⑤闻：故障出现后，断开电源，靠近电动机、自耦变压器、继电器、接触器、绝缘导线等处，闻闻是否有焦味。如有焦味，则表明电器绝缘层已被烧坏，主要是由于过载、短路或三相电流严重不平衡等故障造成的。

（2）机床电气故障检修技巧

①熟悉电路原理，确定检修方案。当一台设备的电气系统发生故障时，不要急于动手拆卸，首先要了解该电气设备产生故障的现象、经过、范围、原因，熟悉该设备及电气控制系统的工作原理，分析各个具体电路，弄清电路中各级之间的相互联系以及信号在电路中的来龙去脉，结合实际经验，经过周密思考，确定一个科学的检修方案。

②先机械，后电路。电气设备都以电气、机械原理为基础，特别是机电一体化设备，机械和电子在功能上有机配合，是一个整体的两个部分。往往机械部件出现故障，影响电气系统，许多电气部件的功能就不起作用。因此，不要被表面现象迷惑，电气系统出现故障并不一定都是电气本身问题，有可能是机械部件发生故障所造成的。应先检修机械系统所产生的故障，再排除电气部分的故障，这样会收到事半功倍的效果。

③先简单，后复杂。检修故障要先用最简单易行、自己最拿手的方法去处理，再用复杂、精确的方法。排除故障时，先排除直观、显而易见、简单常见的故障，后排除难度较高、没有处理过的疑难故障。

④先检修通病、后攻疑难杂症。电气设备经常容易产生相同类型的故障，也就是"通病"，由于通病比较常见，积累的经验较丰富，因此可快速排除，这样可以集中精力和时间排除比较少见、难度高、古怪的疑难杂症，简化步骤，缩小范围，提高检修速度。

⑤先外部调试、后内部处理。外部是指暴露在电气设备外壳或密封件外部的各种开关、按钮、插口及指示灯。内部是指在电气设备外壳或密封件内部的印制电路板、元器件及各种连接

导线。先外部调试，后内部处理，就是在不拆卸电气设备的情况下，利用电气设备面板上的开关、旋钮、按钮等调试检查，缩小故障范围。首先排除外部部件引起的故障，再检修机内的故障，尽量避免不必要的拆卸。

⑥先不通电测量，后通电测试。首先在不通电的情况下，对电气设备进行检修；然后在通电情况下，对电气设备进行检修。对许多发生故障的电气设备检修时，不能立即通电，否则会人为扩大故障范围，烧毁更多的元器件，造成不应有的损失。因此，在故障机通电前，先进行电阻测量，采取必要的措施后，方能通电检修。

⑦先公用电路。后专用电路。任何电气系统的公用电路出现故障，其能量、信息都无法传送、分配到各具体专用电路，专用电路的功能、性能就不起作用。如一个电气设备的电源出故障，整个系统就无法正常运转，向各种专用电路传递的能量、信息就不可能实现。因此，遵循先公用电路、后专用电路的顺序，就能快速、准确地排除电气设备的故障。

⑧总结经验，提高效率。电气设备出现的故障五花八门、千奇百怪。任何一台有故障的电气设备检修完，都应该把故障现象、原因、检修经过、技巧、心得记录在专用笔记本上，学习掌握各种新型电气设备的机电理论知识、熟悉其工作原理、积累维修经验，将自己的经验上升为理论。在理论指导下，具体故障具体分析，才能准确、迅速地排除故障。只有这样，才能把自己培养成为检修电气故障的行家里手。

> 思考：
> 假设你接到通知，机电实训室的CA6140车床发生故障无法启动，需要立刻赶到现场维修。请你根据故障检修的一般方法和检修技巧，简述到现场后怎么做。

2. 故障诊断原则、方法

（1）试电笔法

用试电笔检修断路故障的方法如图3-1-3所示，按下SB2按钮，用试电笔依次测试1、2、3、4、5、6、0各点，试电笔不亮的点即断路处。

特别提示：当测量一端接地的220V故障电路时，要从电源侧开始，依次测量，且注意观察试电笔的亮度，防止因外部电场、泄漏电流引起氖管发亮，而误认为电路没有断路。

（2）校灯法

校灯法检查断路故障的方法如图3-1-4所示。检修时将校灯一端接在0点线上；另一端依次按1、2、3、4、5、6次序逐点测试，并按下按钮SB2。若将校灯接到2号线上，校灯亮，而接到3号线上时，校灯不亮，说明按钮SB1（2—3）断路。

特别提示：

①用校灯检修断路故障时，要注意灯泡的额定电压与被测电压应相适应。如被测电压过高，灯泡易烧坏；如电压过低，灯泡不亮。一般检查220V电路时，用一只220V灯泡；若检查380V电路，可用两只220V灯泡串联。

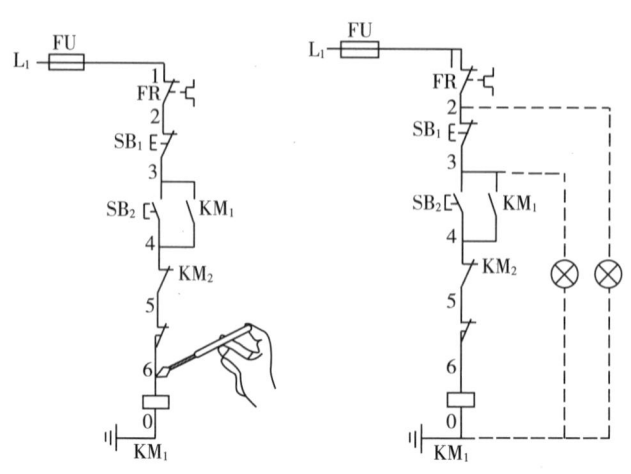

图 3-1-3　试电笔检修断路故障　　　　图 3-1-4　校灯法检修断路故障

②用校灯检查故障时，要注意灯泡的功率，一般查找断路故障时使用小容量（10~60W）的灯泡为宜；查找接触不良而引起的故障时，要用较大功率（150~200W）的灯泡，这样就能根据灯的亮、暗程度来分析故障。

（3）万用表的电阻测量法

①分阶测量法：电阻的分阶测量法如图 3-1-5 所示。按下 SB2，KM1 不吸合，说明电路有断路故障。

首先断开电源，然后按下 SB2 不放，用万用表的电阻挡测量 1—7 两点间的电阻，若电阻为无穷大，说明 1—7 间电路断路。然后分阶测量 1—2、1—3、1—4、1—5、1—6 各两点间的电阻值。

若某两点间的电阻值近似为 0，说明电路正常；如测量到某两点间的电阻值为无穷大，说明该触点或连接导线有断路故障。

②分段测量法：电阻的分段测量法如图 3-1-5 所示。检查时，先断开电源，按下 SB2，然后依次逐段测量相邻两线号 1—2、2—3、3—4、4—5、5—6 间的电阻。

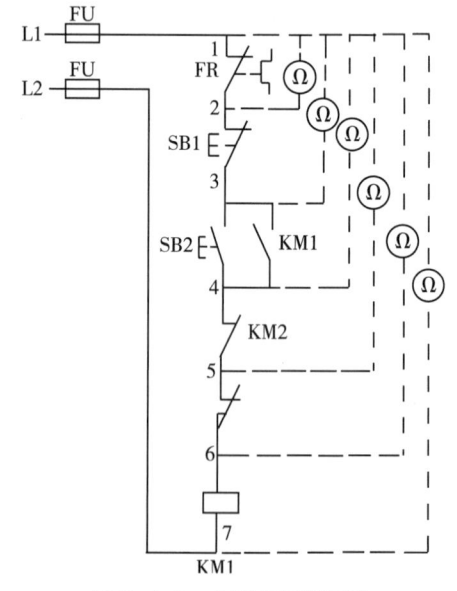

图 3-1-5　电阻分段测量法

若测量某两线号间的电阻为无穷大,说明该触点或连接导线有断路故障,如测量 2—3 两线号间的电阻为无穷大,说明按钮 SB1 或连接 SB1 的导线有断路故障。

特别提示:用电阻测量法检查故障时,必须断开电源;若被测电路与其他电路并联,必须将电路与其他电路断开,否则所测得的电阻值误差较大。电阻测量法虽然安全,但测得的电阻值不准确时,容易造成误判。

(4)万用表的电压分阶测量法

使用万用表的交流电压挡逐级测量控制电路中各种电气的输出端(闭合状态)电压可以迅速查明故障点。以图 3-1-6 所示的控制回路为例,其电压测量的操作步骤:

①将万用表的转换开关置于交流挡 750V 量程。

②接通控制电路电源(注意先断开主电路)。

③检查电源电压,将黑表笔接到图 3-1-6 中的端点 1,用红表笔测量端点 0 处的电压。若无电压或电压异常,说明电源部分有故障,可检查控制电源变压器及熔断器等;若电压正常,即可继续按以下步骤操作。

④按下 SB2,若 KM1 正常吸合并自锁,说明该控制回路无故障,应顺序检查其主电路;若 KM1 不能吸合或自锁,则继续按以下步骤操作。

⑤用黑表笔测量端点 2,若所测值与正常电压不相符,一般先考虑触头或引线接触不良;若无电压,则应检查热继电器是否已动作,还应排除主电路中导致热继电器动作的原因。

⑥用黑表笔测量端点 3,若无电压,一般考虑按钮 SB1 触头未复位或接线松脱。

⑦按下 SB2,测量端点 4,若无电压,可考虑是触头接触不良或接线松脱。

⑧若电压值正常,用黑表笔测量端点 5,若无电压,可考虑是 KM2 触头接触不良或松脱。

⑨若电压值正常,用黑表笔测量端点 6,若无电压,可考虑是 KM1 触头接触不良或接线松脱。

⑩若电压值正常,则考虑接触器 KM 线圈可能有内部开路故障。

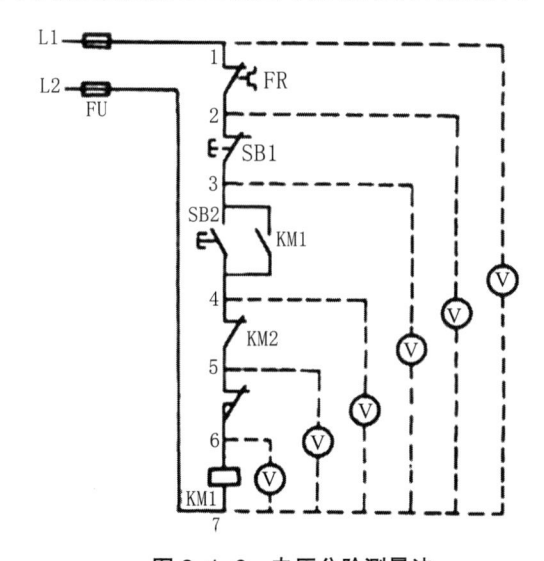

图 3-1-6 电压分阶测量法

特别提示:电气的常开触头,出线端在正常情况下应无电压,常闭触头的出线端在正常情况下，所测电压应与电源电压相符，若有外力使触头动作，则测量结果应与未动作状态的测量结果相反。

（5）短接法

短接法是利用一根绝缘导线，将所怀疑断路的部位短接，在短接过程中，若电路被接通，则说明该处断路。

特别提示：

①由于短接法是用手拿着绝缘导线带电操作，因此一定要注意安全，以免发生触电事故。

②短接法只适用于检查压降极小的导线和触点之间的断路故障。对于压降较大的电器，如电阻、接触器和继电器以及变压器的线圈、电动机的绕组等断路故障，不能采用短接法，否则会出现短路故障。

③对于机床的某些要害部位，必须确保电气设备或机械部位不会出现故障才能采用短接法。

（6）检修电路注意事项

①用兆欧表测量绝缘电阻时，低压系统用750V兆欧表，而在测量前应将弱电系统的元器件（如晶体管、晶闸管、电容器等）断开，以免由于过电压而击穿、损坏元器件。

②检修时若需拆开电动机或电气元件接线端子，应在拆开处两端标上标号，不要凭记忆记标号，以免出现差错。断开线头要做通电试验时，应检查有无接地、短路或人体接触的可能，尽量用绝缘胶布临时包上，以防止发生意外事故。

③更换熔断器熔体时，要按规定容量更换，不准用铜丝或铁丝代替，在故障未排除前，尽可能临时换上规格较小的熔体，以防止故障范围扩大。

④当电动机、磁放大器、继电器及继电保护装置等需要重新调整时，一定要熟悉调整方法、步骤，应达到规定的技术参数，并做好记录，供下次调整时参考。

⑤检查完毕后，应先清理现场，恢复所有拆开的端子线头、熔断器，以及开关手把、行程开关的正常工作位置，再按规定的方法、步骤进行试车。

> 巩固练习：
>
> 1. 在图3-1-3中，测量后发现1、2、3、4点的灯都亮，5点的灯不亮，请简述发生故障的元器件及其原因。
>
> 2. 在图3-1-4中，测量后发现1—0、2—0、3—0、4—0、5—0灯泡都亮，6—0灯泡不亮，请简述发生故障元器件及其原因。

三、CA6140车床控制电路分析

1. 主电路分析

图3-1-7中QF1为电源开关，FU为主轴电动机M1的短路保护用熔断器，FR1为其过载

保护用热继电器。由接触器KM1的主触点控制主轴电动机M1。图中KM2为接通冷却泵电动机M2的接触器，FR2为M2过载保护用热继电器。KM3为接通快速移动电动机M3的接触器，由于M3点动短时运转，故不设置热继电器。

2. 控制电路分析

控制电路的电源由控制变压器TC的二次侧输出110V电压提供。

①主轴电动机M1的控制。当按下启动按钮SB2时，接触器KM1线圈通电，KM1主触点闭合，KM自锁触头闭合，M1启动运转。停车时，按下停止按钮SB1即可。

②冷却泵电动机M2的控制。主轴电动机M1与冷却电动机M2之间实现顺序控制。只有当电动机M1启动运转后，合上旋钮开关QS2，KM2才会获电，其主触头闭合，使电动机M2运转。

③刀架的快速移动。电动机M3的控制刀架快速移动的电路为点动控制，刀架移动方向的改变，是由进给操作手柄配合机械装置来实现的。如需要快速移动，按下按钮SB3即可。

3. 照明、信号电路分析

照明灯EL和指示灯HL的电源分别由控制变压器TC二次侧输出24V和6.3V电压提供。开关SA为照明开关。熔断器FU3和FU4分别为HL和EL的短路保护。

CA6140车床的电气控制原理图如图3-1-7所示。

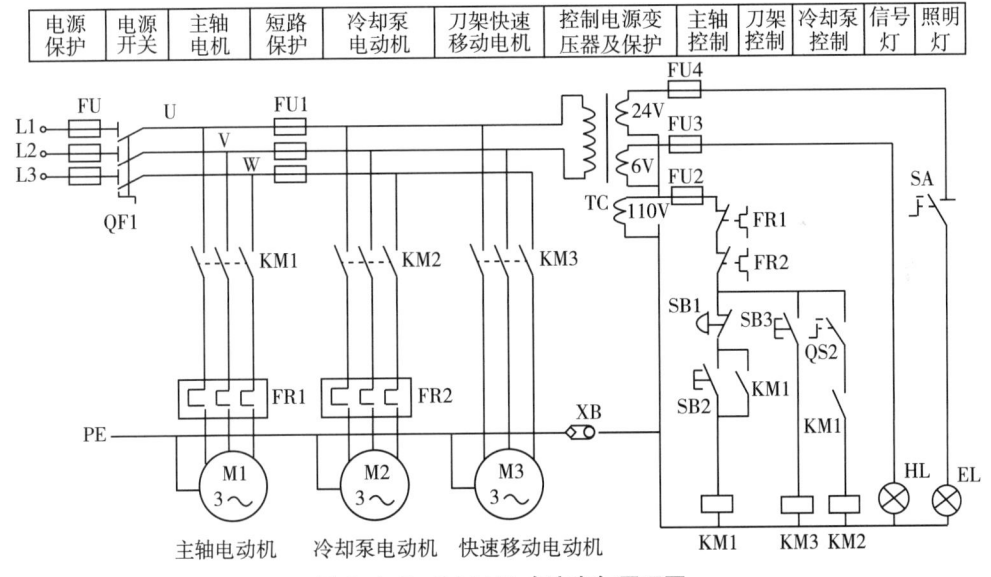

图 3-1-7　CA6140车床电气原理图

四、CA6140车床典型故障分析及排除

1. 按下主轴启动按钮，主轴电动机M1不能启动，KM1不吸合

（1）故障分析

从故障现象中可以判断出问题可能存在于主轴电动机M1、主电路电源、控制电路110V电源以及与KM1相关的电路上，可从以下几个方面进行分析检查：

①检查主电路和控制电路的熔断器FU1、FU2、FU5是否熔断，若发现熔断，更换熔断器

的熔体。

②若未发现熔断器熔断，检查热继电器 FR1、FR2 的触头或接线是否良好，或热保护是否动作过。如果热继电器已动作，则应找出动作的原因。

特别提示：热继电器动作的原因：其规格选择不当；机械部分被卡住；频繁启动的大电流使电动机过载，而造成热继电器脱扣。热继电器复位后可将整定电流调大些，但一般不得超过电动机的额定电流。

③若热继电器未动作，检查停止按钮 SB1、启动按钮 SB2 的触头或接线是否良好。

④检查接触器 KM1 的线圈或接线是否良好。

⑤检查主电路中接触器 KM1 的主触头或接线是否良好。

⑥若控制电路、主电路都完好，电动机仍然不能启动，故障必然发生在电源及电动机上，如电动机断线、电源电压过低，都会造成主轴电动机 M1 不能启动，KM1 不吸合。

（2）故障检查

采用电压法进行检查，检查流程如图 3-1-8 所示。

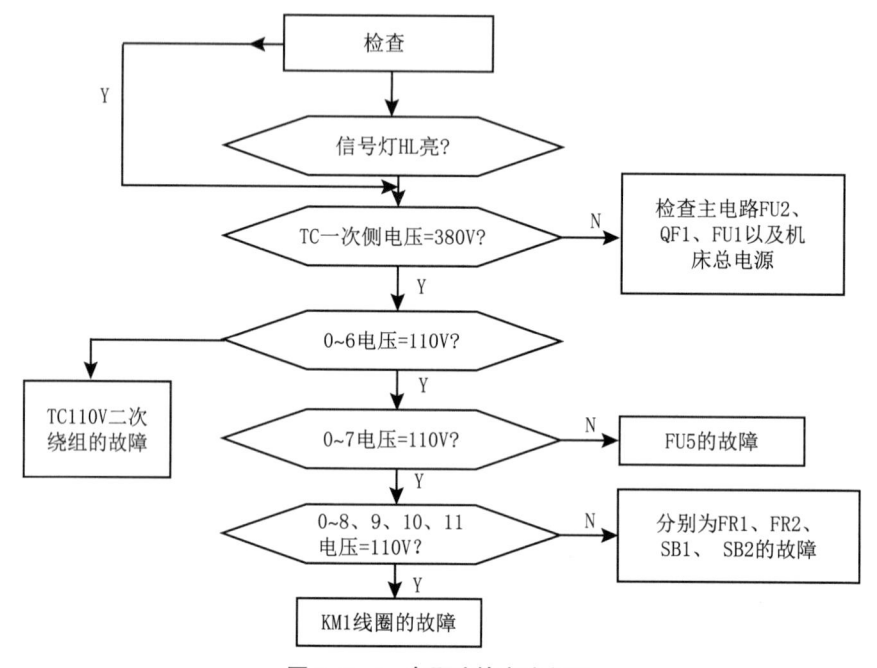

图 3-1-8　电压法检查流程图

特别提示：要确定故障是否在控制电路，最有效的方法是将主轴电动机接线拆下，然后合上电源开关，使控制电路带电，进行接触器动作实验。按下主轴启动按钮 SB2，若接触器不动作，那么故障必定在控制电路中。

2. 按下启动按钮 SB2，主轴电动机 M1 转动很慢，并发出嗡嗡的响声

（1）故障分析

从故障现象中可以判断出这种状态为缺相运行或跑单相，问题可能存在于主轴电动机 M1、主电路电源以及 KM1 的主触头上，如三相开关中任意一相触头接触不良；三相熔断器任意一相熔断；接触器 KM1 的主触头有一对接触不良；电动机定子绕组任意一相接线断

开、接头氧化、有油污或压紧螺母未拧紧，都会造成缺相运行，可从以下几个方面进行分析检查。

①检查总电源是否正常。

②检查主电路 FU1 和 FU2 是否熔断，若发现熔断，更换熔断器的熔体。

③若未发现熔断器熔断，检查接触器 KM 的主触头或接线是否良好。

④检查电动机定子绕组是否正常。通常采用万用表电阻挡检查相间直流电阻是否平衡来判断。

特别提示：遇到这种故障时，应立即切断电动机的电源，否则电动机会烧毁。

（2）故障检查

采用电阻、电压综合测量法进行检查，检查流程如图 3-1-9 所示。

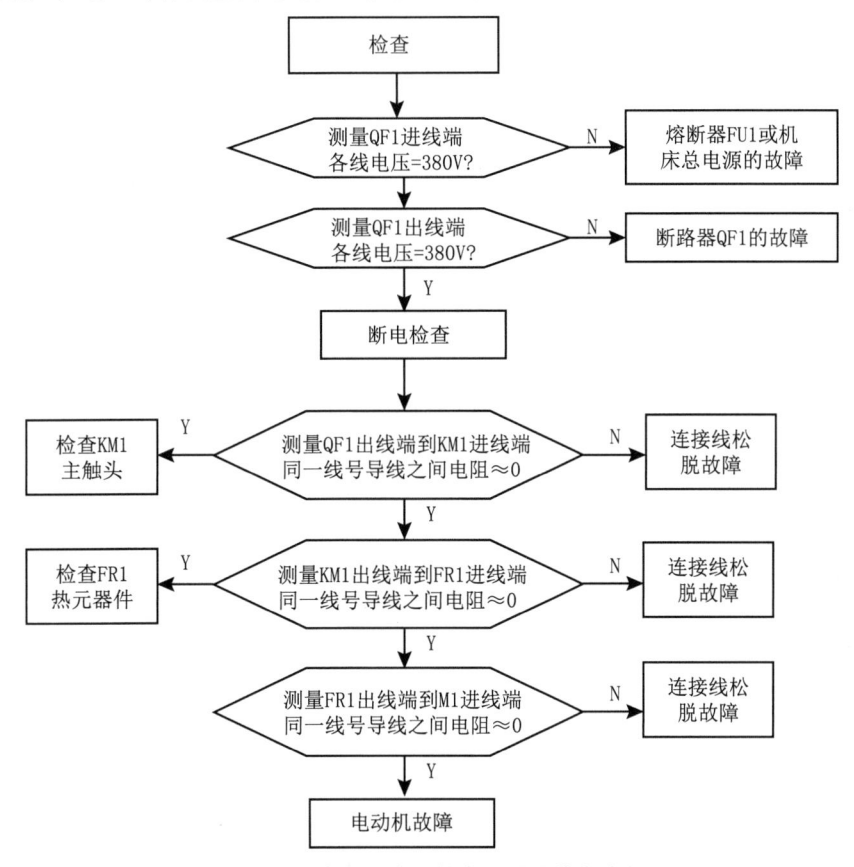

图 3-1-9 电阻、电压综合测量法检查流程图

3. 按下启动按钮 SB2，主轴电动机 M1 能启动，但不能自锁

从故障现象中可以判断出主轴电动机 M1、主电路电源、控制电路 110V 电源是正常的，故障可能出现在以下几个方面：

①检查接触器 KM1 辅助常开触头（自锁触头）是否正常。

②检查接触器 KM 辅助常开触头接线是否有松动。

③检查控制电路的接线是否有错误。

> 巩固练习：
>
> 请画出采用电阻测量法进行故障检查的流程图。

4. 按下停止按钮 SB1，主轴电动机 M1 不能停止

从故障现象中可以判断出主轴电动机 M1、主电路电源、控制电路 110V 电源是正常的，故障可能出现在以下几个方面：

①检查接触器 KM1 主触头是否正常。如果主触头熔焊，只有切断电源开关，才能使电动机停止。这种故障只能更换接触器。

②检查停止按钮 SB1 触头或其接线是否良好。

五、车床设备管理

1. 车床的使用方法

①使用车床必须遵守安全操作制度。

②应按车床说明书的规定操作车床。

③车床开机前应检查车床各部分结构是否完好，各手柄位置是否正常；手动操作各移动部件，检查有无碰撞或不正常现象，润滑部位要加润滑油；车床启动，应使主轴低速空转 1~2min；主轴变速装夹工件、测量工件、消除切屑或离开机床应停车。

④装卸卡盘或较重工件时，应该用木板保护床面。

⑤校正卡盘或工件时，不能用榔头直接用力敲击，以免影响主轴精度，可用木锤轻敲。

⑥工件必须装夹牢固，卡盘扳手随时取下，偏置工件应合理安装配重，复杂工件要注意防止碰撞。

⑦需要挂轮时应切断电源。

⑧车床开动，不能用手摸工件表面，不能测量工件；清除铁屑要使用专用钩子。

2. 车床的维护

①每班上班时，清洁导轨，观察油标，给各注油点注油。下班时，清除切屑及冷却液，擦净后加润滑油保养，床鞍摇至车尾，关闭电源。

②加工铸件和焊接件前，应去除工件上的砂粒和焊锡；切削铸铁工件时，要擦去部分床身导轨上的润滑油，并装护轨罩；用砂纸、砂轮加工工件时，要保护好床身导轨。

③工具和车刀不要放在床面上，以免损伤导轨。

④使用切削液时，要在车床导轨上涂润滑油，清除导轨上的切屑和切削液盘中的杂物，冷却泵中的切削液应定期更换。

⑤车床外观的日常保养要做到无锈蚀、无油污、油漆清洁光亮。

⑥车床运转 500h 后，需要进行一级保养。保养时，必须先切断电源，然后分别对主轴箱、床鞍及刀架、尾座、挂轮箱、冷却润滑系统、电气部分以及外观进行清洗、清扫、检查与调整间隙、紧固螺钉和注油。

车床维护保养知识详见表 3-1-1。

表 3-1-1 车床维护保养知识

日常保养 内容和要求	定期保养的内容和要求	
	保养部位	内容和要求
（1）班前 ①擦净机床各部位外露导轨及滑动面 ②按规定润滑各部位，油质、油量符合要求 ③检查各手柄位置 ④空车试运转 （2）班后 ①将铁屑全部清扫干净 ②擦净机床各部位 ③部件归位 ④认真填写交接班记录	外表	（1）清洗机床外表及死角，拆洗各罩盖，要求内外清洁，应无锈蚀、无黄斑、漆见本色、铁见光 （2）清洗丝杠、光杠、齿条，要求无油垢 （3）检查并补齐螺钉、手柄
	床头箱	（1）拆洗滤油器 （2）检查主轴定位螺钉，将其调整到合适位置 （3）调整摩擦片间隙和刹车装置 （4）检查油质保持良好
	挂轮箱	（1）拆洗挂轮及挂轮架，并检查轴套有无晃动 （2）安装时调整好齿轮间隙，并注入新油
	尾座	（1）拆洗尾座各部 （2）清除研伤毛刺，检查丝杠、丝母间隙 （3）安装时要求达到灵活可靠
	起刀箱及溜板箱	起刀箱及溜板箱清洗油线、油毡，注入新油
	润滑及冷却	（1）清洗冷却泵、冷却槽 （2）检查油质，要保证油质良好、油杯齐全、油窗明亮 （3）清洗油线、油毡，注入新油，要求油路畅通
	电气	（1）清扫电动机及电气箱内外灰尘 （2）检查擦拭电气元件及触点，要求完好、可靠、无灰尘，线路安全可靠

实训 1　电动葫芦故障检修

实训名称	电动葫芦故障检修
实训内容	通过对电动葫芦的电路进行识读理解，小组分析电路中设置的故障，并能够使用实训考核装置对故障进行检查和排除，最终实现对电动葫芦典型故障的分析及排除
实训目标	1. 掌握智能实训考核装置的使用； 2. 熟悉电动葫芦的控制电路图； 3. 掌握电动葫芦的典型故障分析及排除方法
实训课时	4 课时
实训地点	机电设备维护维修考核实训室

练习题

1. 判断题

（1）故障检修中，"听"是听现场工作人员的交谈。　　　　　　　　　　　（　　）

（2）机床故障检修时，先观察机械部分故障，再检查电气故障。　　　　　（　　）

（3）使用试电笔法测量电路，试电笔不亮的点即短路处。　　　　　　　　（　　）

（4）使用电阻法测量电路，测量某两线号间的电阻为无穷大，则该触点或连接导线有断路故障。　　　　　　　　　　　　　　　　　　　　　　　　　　　　　　　　　　（　　）

2. 填空题

（1）CA6140 主要组成部分有：_____、_____、_____、_____、_____、_____、_____、_____。

（2）CA6140 车床的运动形式有：_____、_____、_____。

3. 简答题

（1）简述 CA6140 车床在日常保养中，床头箱及电气部分保养内容及要求。

(2)画出 CA6140 车床控制电路的电路图。

(3)画出采用电压法排除"按下主轴启动按钮,主轴电动机 M1 不能启动,KM1 不吸合"故障的流程图。

任务完成报告

姓名		学习日期	
任务名称	CA6140 车床故障检修		
学习自评	考核内容	完成情况	
	1.CA6140 车床结构及运动形式	□好 □良好 □一般 □差	
	2.CA6140 车床控制电路分析	□好 □良好 □一般 □差	
	3.CA6140 车床典型故障分析及排除	□好 □良好 □一般 □差	
学习心得			

任务 2　X62W 万能铣床故障检修

X62W 万能铣床具有足够的刚性和功率，拥有强大的加工能力，能进行高速和承受重负荷的切削工作、齿轮加工。本任务对 X62W 万能铣床的主要结构、运动形式、控制电路原理、典型故障进行分析和讲解。其中，重点内容为 X62W 万能铣床典型故障分析及排除，难点内容为 X62W 万能铣床控制电路分析。

本任务的最终目标是：能够识读 X62W 万能铣床电气控制原理图，按照故障排除的一般流程及规范完成 X62W 万能铣床故障的排除。

知识目标：

①了解 X62W 万能铣床的主要结构和运动形式；
②了解 X62W 万能铣床的电路控制原理；
③掌握 X62W 万能铣床典型故障分析及排除方法。

能力目标：
①熟悉 X62W 万能铣床主要结构和运动形式；
②能够识读 X62W 万能铣床的控制电路图，理解电路控制原理；
③能够分析并排除 X62W 万能铣床的典型故障。

学习内容：

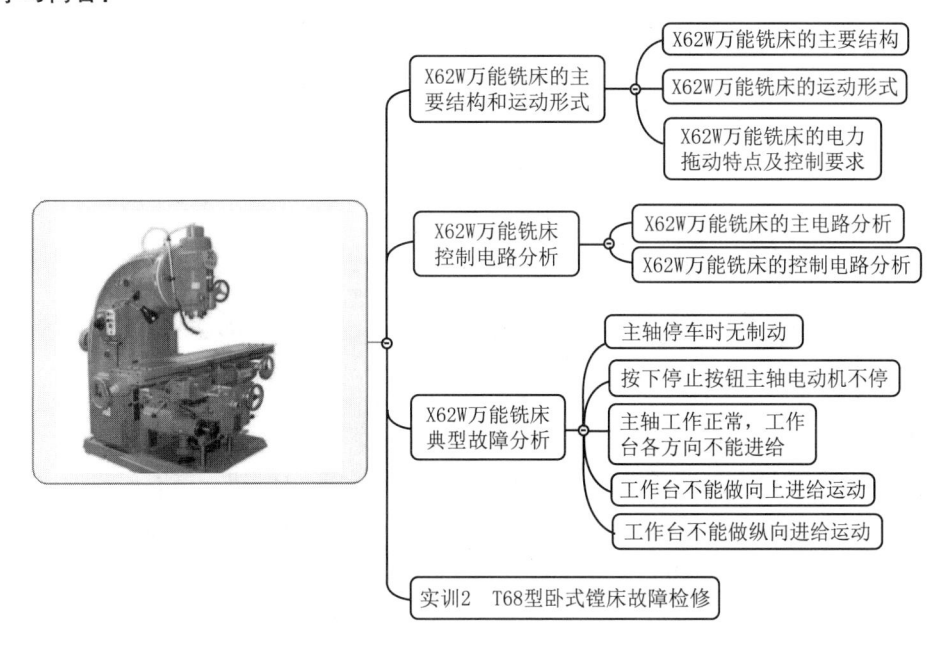

- X62W 万能铣床的主要结构和运动形式
  - X62W 万能铣床的主要结构
  - X62W 万能铣床的运动形式
  - X62W 万能铣床的电力拖动特点及控制要求
- X62W 万能铣床控制电路分析
  - X62W 万能铣床的主电路分析
  - X62W 万能铣床的控制电路分析
- X62W 万能铣床典型故障分析
  - 主轴停车时无制动
  - 按下停止按钮主轴电动机不停
  - 主轴工作正常，工作台各方向不能进给
  - 工作台不能做向上进给运动
  - 工作台不能做纵向进给运动
- 实训2　T68型卧式镗床故障检修

一、X62W万能铣床的主要结构和运动形式

X62W 万能铣床是一种常用的多用途机床，可用来加工平面、斜面、沟槽；装上分度头后，可以铣切直齿轮和螺旋面；加装圆工作台后，可以铣切凸轮和弧形槽。图 3-2-1 为 X62W 万能铣床的外形与型号。

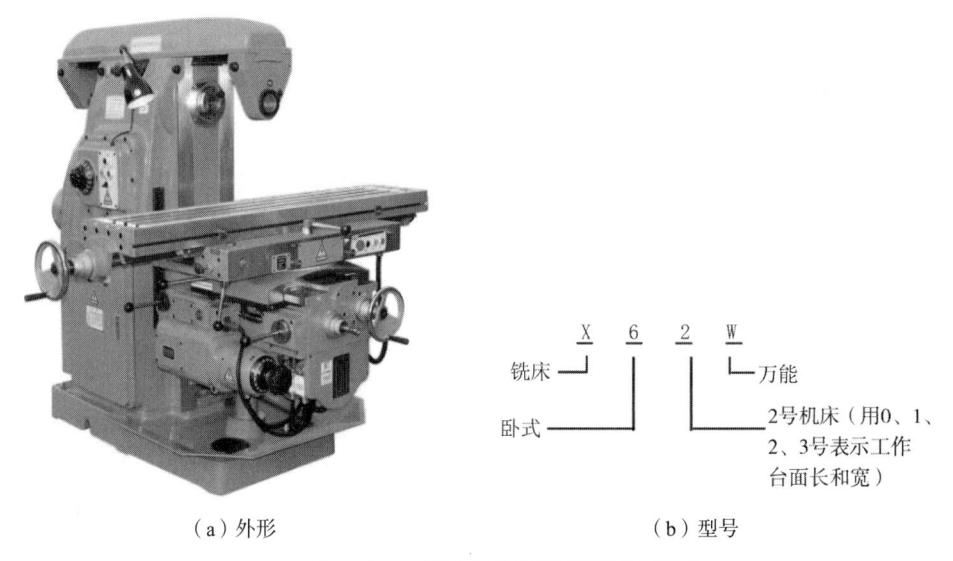

（a）外形　　　　（b）型号

图 3-2-1　X62W 万能铣床外形与型号

型号说明：
- X——铣床
- 6——卧式
- 2——2号机床（用0、1、2、3号表示工作台面长和宽）
- W——万能

1. X62W 万能铣床的主要结构

如图 3-2-2 所示，为 X62W 万能铣床的结构，它主要由床身、主轴、刀杆、横梁、工作台、回转盘、横溜板和升降台等部分组成。

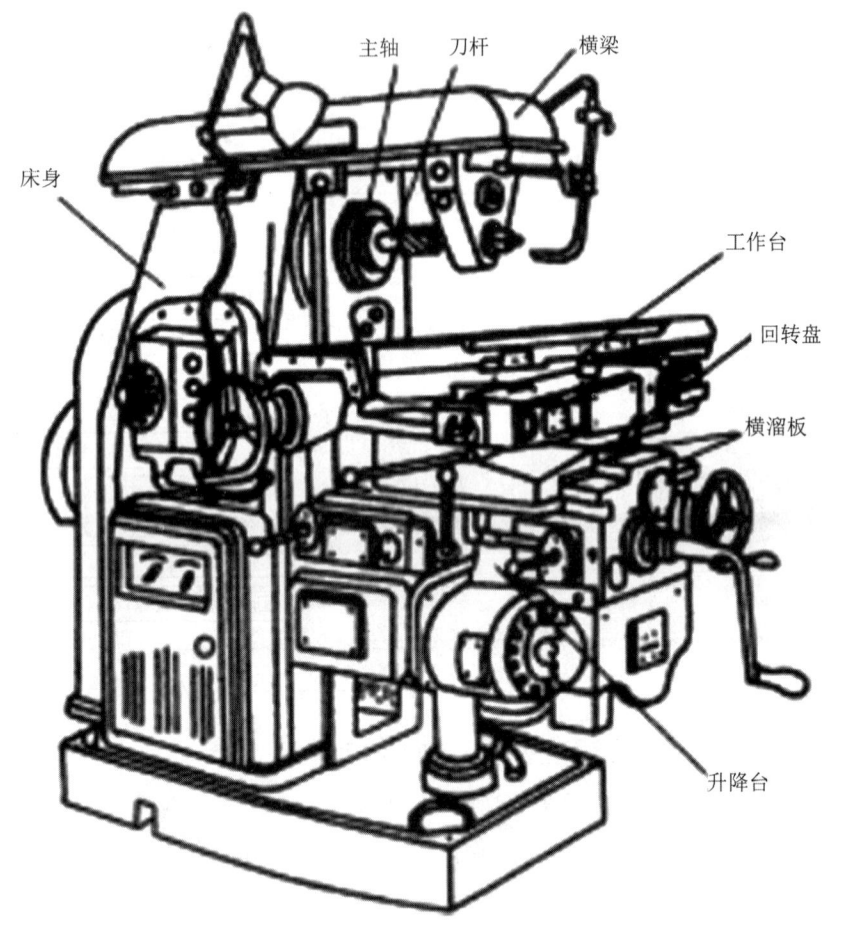

图 3-2-2　X62W 万能铣床结构

2. X62W 万能铣床的运动形式

X62W 万能铣床的运动形式有主轴转动、进给运动、辅助运动。

①主轴转动是由主轴电动机通过弹性联轴器来驱动传动机构，当机构中的一个双联滑动齿轮块啮合时，主轴即可旋转。

②工作台面的移动是由进给电动机驱动的，它通过机械机构使工作台进行三种形式、六个方向的移动，即工作台面能直接在溜板上部可转动部分的导轨上做纵向（左、右）移动；工作台面借助横溜板做横向（前、后）移动；工作台面还能借助升降台做垂直（上、下）移动。

3. X62W 万能铣床的电力拖动特点及控制要求

①机床要求有三台电动机，分别称为主轴电动机、进给电动机和冷却泵电动机。

②由于加工时有顺铣和逆铣两种，所以要求主轴电动机能正反转及在变速时能瞬间冲动，以利于齿轮的啮合，还能制动停车和实现两地控制。

③工作台的三种运动形式、六个方向的移动是依靠机械的方法来实现的，对进给电动机要

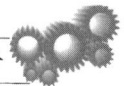

求能正反转,且要求纵向、横向、垂直三种运动形式相互间应有联锁,以确保操作安全。同时要求工作台进给变速时,电动机也能瞬间冲动、快速进给及两地控制等要求。

④冷却泵电动机只要求正转。

⑤进给电动机与主轴电动机需要联锁控制,即主轴工作后才能进行进给。

二、X62W万能铣床控制电路分析

如图 3-2-3 所示,为 X62W 万能铣床的电气控制原理图。该原理图是由主电路、控制电路和照明电路三部分组成。

1. X62W 万能铣床的主电路分析

主电路中有三台电动机:M1 是主轴电动机;M2 是进给电动机;M3 是冷却泵电动机。

①主轴电动机 M1 通过换相开关 SA5 与接触器 KM1 配合,能进行正反转控制,而与接触器 KM2、制动电阻器 R 及速度继电器配合,能实现串电阻瞬时冲动和正反转反接制动控制,并能通过机械进行变速。

②进给电动机 M2 能进行正反转控制,通过与接触器 KM3、KM4、SQ4 配合,能实现进给变速时的瞬时冲动、六个方向的常速进给和快速进给控制。

③冷却泵电动机 M3 只能正转。

④熔断器 FU1 作机床总短路保护,也兼作 M1 的短路保护;FU2 作为 M2、M3 及控制变压器 TC 的短路保护;热继电器 FR1、FR2、FR3 分别作为 M1、M2、M3 的过载保护。

2. X62W 万能铣床的控制电路分析

(1)主轴电动机的控制

① SB1、SB3 与 SB2、SB4 是分别装在机床两边的停止(制动)和启动按钮,实现两地控制,方便操作。如图 3-2-4 所示为主轴电动机的控制电路。

② KM1 是主轴电动机启动接触器,KM2 是反接制动和主轴变速冲动接触器。

③ SQ6 是与主轴变速手柄联动的瞬时动作行程开关。

④主轴电动机需启动时,要先将 SA5 扳到主轴电动机所需要的旋转方向,然后按启动按钮 SB3 或 SB4 来启动电动机 M1。

⑤ M1 启动后,速度继电器 KS 的一副常开触点闭合,为主轴电动机的制动做好准备。

⑥停车时,按停止按钮 SB1 或 SB2 切断 KM1 电路,接通 KM2 电路,改变 M1 的电源相序进行串电阻反接制动。当 M1 的转速低于 120r/min 时,速度继电器 KS 的一副常开触点恢复断开,切断 KM2 电路,M1 停转,制动结束。

根据以上分析可写出主轴电动机启动转动(按 SB3 或 SB4)时控制线路的通路:1—2—3—7—8—9—10— KM1 线圈—0 点;主轴停止与反接制动(按 SB1 或 SB2)时的通路:1—2—3—4—5—6— KM2 线圈—0 点。

⑦主轴电动机变速时的瞬动(冲动)控法,是利用变速手柄与冲动行程开关 SQ6 通过机械上联动机构进行控制的。

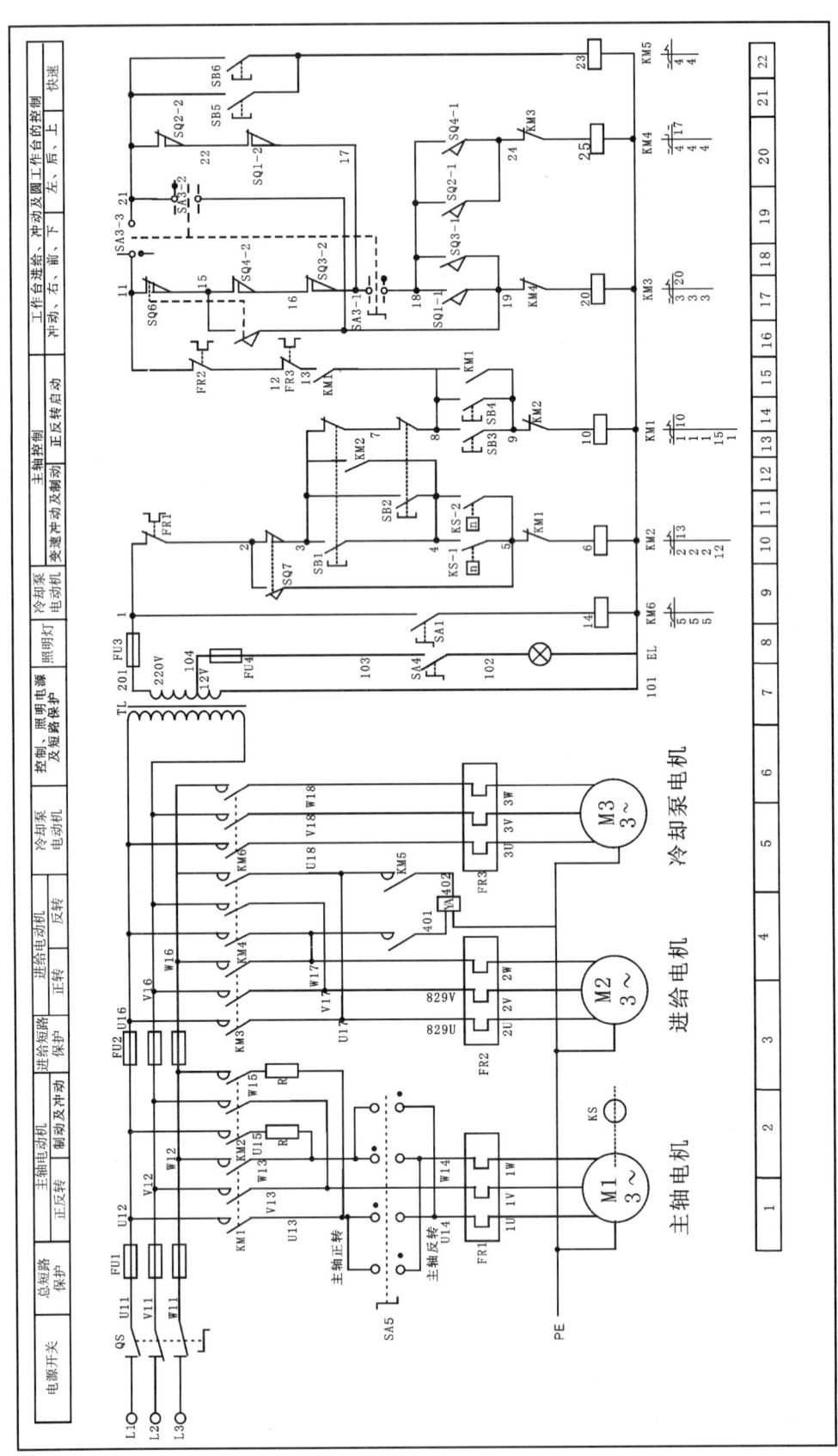

图 3-2-3 XW2万能铣床电气原理图

电源开关	总短路保护	主轴电动机			主轴控制	
		正反转	制动及冲动		变速冲动及制动	正反转启动

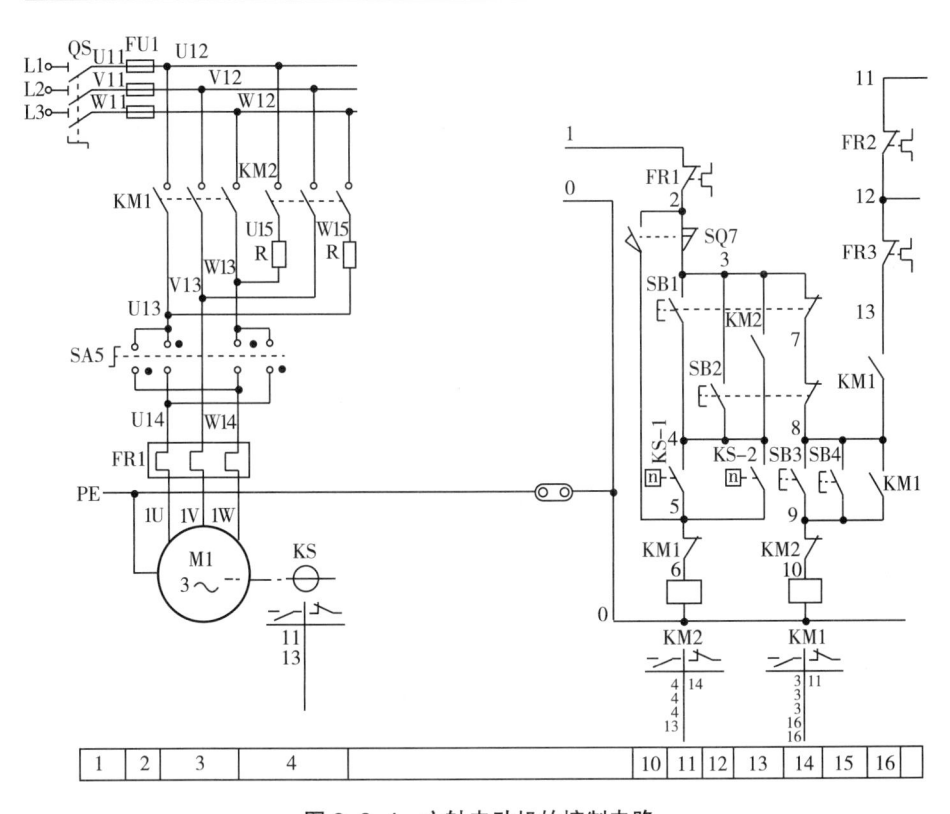

图 3-2-4 主轴电动机的控制电路

图 3-2-5 是主轴变速冲动控制示意图，变速时，先下压变速手柄，然后拉到前面，当快要落到第二道槽时，转动变速盘，选择需要的转速。此时凸轮压下弹簧杆，使冲动行程 SQ6 的常闭触点先断开，切断 KM1 线圈的电路，电动机 M1 断电；同时 SQ6 的常开触点接通，KM2 线圈得电动作，M1 被反接制动。当手柄拉到第二道槽时，SQ6 不受凸轮控制而复位。

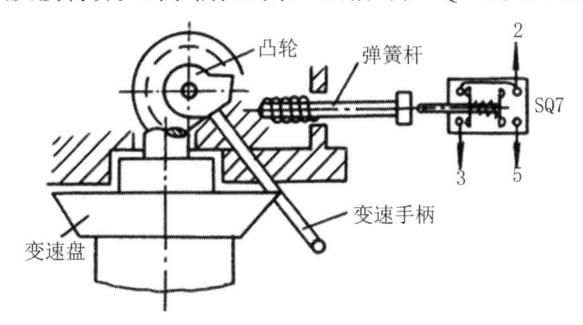

图 3-2-5 主轴变速冲动控制示意图

M1 停转，接着把手柄从第二道槽推回原始位置，凸轮又瞬时压动行程开关 SQ6，使 M1 反向瞬时冲动一下，以利于变速后的齿轮啮合。

但要注意，无论是启动还是停止，都应以较快的速度把手柄推回原始位置，以免通电时间过长导致 M1 转速过高而打坏齿轮。

（2）工作台进给电动机的控制

工作台的纵向、横向和垂直运动都由进给电动机 M2 驱动，接触器 KM3 和 KM4 控制 M2 的正反转，用以改变进给运动方向。它的控制电路采用了与纵向运动机械操作手柄联动的行程开关 SQ1、SQ2 和横向及垂直运动机械操作手柄联动的行程开关 SQ3、SQ4、组成复合联锁控制。即在选择三种运动形式的六个方向移动时，只能进行其中一个方向的移动，以确保操作安全，当这两个机械操作手柄都在中间位置时，各行程开关都处于未压的原始状态。

由原理图可知，M2 电动机在主轴电动机 M1 启动后才能进行工作。在机床接通电源后，将控制圆工作台的组合开关 SA3 扳到断开位置，使触点 SA3—1（17—18）和 SA3—3（12—21）闭合，而 SA3—2（19—21）断开，然后启动 M1，这时接触器 KM1 吸合，使 KM1（9—12）闭合，就可进行工作台的进给控制。

①工作台纵向（左右）运动的控制。工作台的纵向运动是由进给电动机 M2 驱动的，由纵向操纵手柄来控制。此手柄是复式的，一个安装在工作台底座的顶面中央部位，另一个安装在工作台底座的左下方。手柄有三个：向左、向右、零位。当手柄扳到向右或向左运动方向时，手柄的联动机构压下行程开关 SQ1 或 SQ2，使接触器 KM3 或 KM4 动作，控制进给电动机 M2 的正反转。

工作台左右运动的行程，可通过调整安装在工作台两端的撞铁位置来实现。当工作台纵向运动到极限位置时，撞铁撞动纵向操纵手柄，使它回到零位，M2 停转，工作台停止运动，从而实现了纵向终端保护。

工作台向左运动：在 M1 启动后，将纵向操作手柄扳至向左位置，机械接通纵向离合器，同时在电气上压下 SQ2，使 SQ2—2 断，SQ2—1 通，而其他控制进给运动的行程开关都处于原始位置，此时使 KM4 吸合，M2 反转，工作台向左进给运动。其控制电路的通路为：12—15—16—17—18—24—25— KM4 线圈—0 点。

工作台向右运动：当纵向操纵手柄扳至向右位置时，机械上仍然接通纵向进给离合器，却压动了行程开关 SQ1，使 SQ1—2 断，SQ1—1 通，使 KM3 吸合，M2 正转，工作台向右进给运动，其通路为：12—15—16—17—18—19—20— KM3 线圈—0 点。

②工作台垂直（上下）和横向（前后）运动的控制。工作台的垂直和横向运动，由垂直和横向进给手柄操纵。此手柄也是复式的，有两个完全相同的手柄分别装在工作台左侧的前、后方。手柄的联动机械能压下行程开关 SQ3 或 SQ4，同时能接通垂直或横向进给离合器。操纵手柄有五个位置（上、下、前、后、中间），这五个位置是联锁的，工作台的上下和前后的终端保护是利用装在床身导轨旁与工作台座上的撞铁，将操纵十字手柄撞到中间位置上，使 M2 断电停转。

工作台向后（或者向下）运动的控制：将十字操纵手柄扳至向前（或者向下）位置时，机械上接通横向进给（或者垂直进给）离合器，同时压下 SQ3，使 SQ3—2 断，SQ3—1 通，使 KM3 吸合，M2 正转，工作台向前（或者向下）运动。其通路为：12—21—22—17—18—19—20— KM3 线圈—0 点。

工线台向后（或者向上）运动的控制。将十字操纵手柄扳至向后（或者向上）位置时，机械上接通横向进给（或者垂直进给）离合器，同时压下 SQ4，使 SQ4—2 断，SQ4—1 通，使 KM4 吸合，M2 反转，工作台向后（或者向上）运动。其通路为：12—21—22—17—18—24—

25—KM4 线圈—0 点。

③进给电动机变速时的瞬动（冲动）控制。变速时，为使齿轮易于啮合，进给变速与主轴变速一样，设有变速冲动环节。当需要进行进给变速时，应将转速盘的蘑菇形手轮向外拉出并转动转速盘，把所需进给量的标尺数字对准箭头，然后把蘑菇形手轮用力向外拉到极限位置并随即推向原位，在操纵手轮的同时，其连杆机构二次瞬时压下行程开关 SQ5，使 KM3 瞬时吸合，M2 做正向瞬动。其通路为：12—21—22—17—16—15—19—20—KM3 线圈—0 点，由于进给变速瞬时冲动的通电回路要经过 SQ1~SQ4 四个行程开关的常闭触点，因此只有当进给运动的操作手柄都在中间（停止）位置时，才能实现进给变速冲动控制，以保证操作的安全。同时，与主轴变速时冲动控制一样，电动机的通电时间不能太长，以防止转速过高，在变速时打坏齿轮。

④工作台的快速进给控制。为提高劳动生产率，要求铣床在不做铣切加工时，工作台能快速移动。工作台快速进给也是由进给电动机 M2 驱动的，在纵向、横向和垂直三种运动形式、六个方向上都可以实现快速进给控制。

主轴电动机启动后，将进给操纵手柄扳到所需位置，工作台按照选定的速度和方向做常速进给移动时，再按下快速进给按钮 SB5（或 SB6），使接触器 KM5 通电吸合，接通牵引电磁铁 YA，电磁铁通过杠杆使摩擦离合器合上，减少中间传动装置，使工作台按运动方向做快速进给运动。当松开快速进给按钮时，电磁铁 YA 断电，摩擦离合器断开，快速进给运动停止，工作台仍按原常速进给时的速度继续运动。

（3）圆工作台运动的控制

铣床如需铣切螺旋槽、弧形槽等曲线时，可在工作台上安装圆形工作台及其传动机械，圆形工作台的回转运动也是由进给电动机 M2 传动机构驱动的。

圆工作台工作时，应先将进给操作手柄都扳到中间（停止）位置，然后将圆工作台组合开关 SA3 扳到圆工作台接通位置。此时 SA3—1 断，SA3—3 断，SA3—2 通。准备就绪后，按下主轴启动按钮 SB3 或 SB4，则接触器 KM1 与 KM3 相继吸合。主轴电动机 M1 与进给电动机 M2 相继启动并运转，而进给电动机仅以正转方向带动圆工作台做定向回转运动。其通路为：12—15—16—17—22—21—19—20—KM3 线圈—0 点。

由上可知，圆工作台与工作台进给有互锁，即当圆工作台工作时，不允许工作台在纵向、横向、垂直方向上有任何运动。若误操作而扳动进给运动操纵手柄（压下 SQ1~SQ4 中任一个），M2 停止转动。

三、X62W 万能铣床典型故障分析

铣床电气控制线路与机械系统的配合十分密切，其电气线路的正常工作往往与机械系统的正常工作是分不开的，这就是铣床电气控制线路的特点。要判断是电气故障还是机械故障，必须熟悉机械与电气的相互配合。这就要求维修电工不仅要熟悉电气控制工作原理，而且要熟悉相关机械系统的工作原理及机床操作方法。下面通过几个实例来叙述 X62W 万能铣床的常见故障及其排除方法。

1. 主轴停车时无制动

（1）故障分析

从故障现象中可以判断出主轴电动机 M1、主电路电源、控制电路电源是正常的，应检查

以下几个方面：

① SB1 或 SB2 的触头或接线是否良好；

② 速度继电器 KS1 或 KS2 的触头或接线是否良好；

③ 接触器 KM1 的辅助触头或接线是否良好；

④ 接触器 KM2 的线圈或接线是否良好；

⑤ 主电路中接触器 KM2 的主触头或接线是否良好；

⑥ 机械部分是否堵塞。

主轴无制动时，按下停止按钮 SB1 或 SB2 后，首先检查反接制动接触器 KM2 是否吸合。若 KM2 不吸合，则故障原因一定在控制电路部分，检查时可先操作主轴变速冲动手柄，若有冲动，故障范围就缩小到速度继电器和按钮支路上。若 KM2 吸合，则故障原因就较复杂一些，其故障原因之一，是主电路的 KM2、R 制动支路中，至少有缺相的故障存在；其次，速度继电器的常开触点过早断开，但在检查时，只要仔细观察故障现象，这两种故障原因是能够区别的，前者的故障现象是完全没有制动作用，而后者则是制动效果不明显。

由以上分析可知，主轴停车时无制动的故障原因，较多是由于速度继电器 KS 发生故障引起的。例如 KS 常开触点不能正常闭合，其原因有推动触点的胶木摆杆断裂；KS 轴伸端圆销扭弯、磨损或弹性连接元件损坏；螺丝销钉松动或打滑等。若 KS 常开触点过早断开，其原因有 KS 动触点的反力弹簧调节过紧；KS 的永久磁铁转子的磁性衰减等。

应该说明，机床电气的故障不是千篇一律的，所以在维修中不可生搬硬套，而应该采用理论与实践相结合的灵活处理方法。

特别提示：反接制动电路中存在缺相的故障时，没有制动作用。

（2）故障检查

采用电阻测量法，检查流程如图 3-2-6 所示。

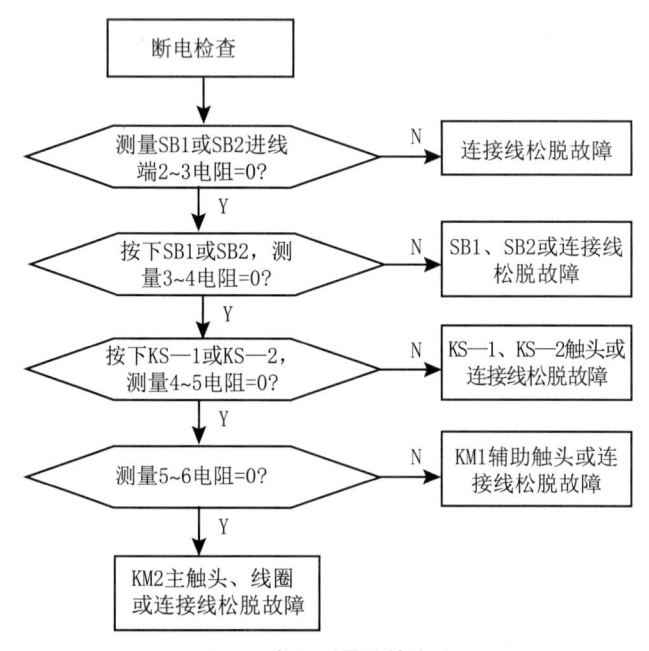

图 3-2-6　电阻测量法检查流程图

2. 按下停止按钮主轴电动机不停

（1）故障分析

产生故障的原因有：接触器 KM1 主触点熔焊；反接制动时两相运行；SB3 或 SB4 在启动 M1 后绝缘被击穿。这三种故障原因，在故障现象上是能够加以区别的：如按下停止按钮后，KM1 不释放，则可断定故障是由熔焊引起的；如按下停止按钮后接触器的动作顺序正确，即 KM1 能释放，KM2 能吸合，同时伴有嗡嗡声或转速过低，则可断定是制动时主电路有缺相故障存在；若制动时接触器动作顺序正确，电动机也能进行反接制动，但放开停止按钮后，电动机再次自启动，则可断定故障是由启动按钮绝缘击穿引起的。

（2）故障检查

采用电阻测量法，此项检查流程图由读者自己完成。

3. 主轴工作正常，工作台各方向不能进给

（1）故障分析

主轴工作正常，工作台各方向不能进给，说明故障出现在公共点上，即 8~11 的线路上，应检查以下内容。

① 接触器 KM1 的辅助触头（8~13）或其接线是否良好；

② FR2、FR3 的触头或其接线是否良好；

③ SA3 的触头或其接线是否良好；

④ 接触器 KM3、KM4 的线圈、主触头及其接线是否良好；

⑤ 进给电动机 M2 是否良好。

（2）故障检查

采用电阻测量法，检查流程如图 3-2-7 所示。

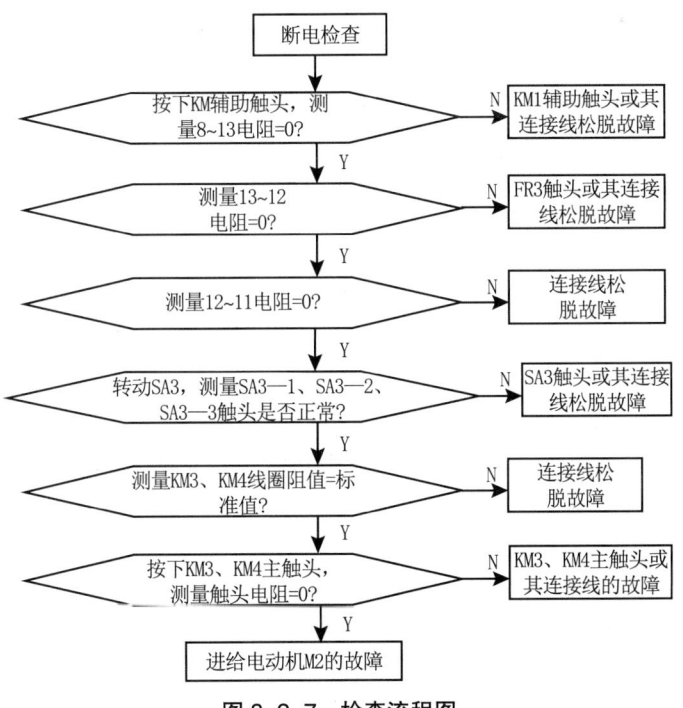

图 3-2-7 检查流程图

4. 工作台不能做向上进给运动

由于铣床电气线路与机械系统的配合密切，而且工作台向上进给运动的控制是处于多回路线路之中，因此，不宜采用按部就班逐步检查的方法。在检查时，可先依次进行快速进给、进给变速冲动或圆工作台向前进给、向左进给及向后进给的控制，以逐步缩小故障的范围（一般可从中间环节的控制开始），然后逐个检查故障范围内的元器件、触点、导线及接点，以查出故障点。在实际检查时，还必须考虑到由于机械磨损或移位使操纵失灵等因素，若发现此类故障原因，应与机修钳工互相配合进行修理。

假设故障点在图区 3—2—5 上，行程开关 SQ4—1 由于安装螺钉松动而移动位置，造成操纵手柄虽然到位，但触点 SQ4—1（18—24）仍不能闭合，在检查时，若进行进给变速冲动控制正常后，也就说明向上进给回路中，线路 12—21—22—17 是完好的，再通过向左进给控制正常，又能排除线路 17—18 和 24—25—0 存在故障的可能性。这样将故障的范围缩小到 18—SQ4—1—24 的范围内。再经过仔细检查或测量，就能很快找出故障点。

> 巩固练习：
>
> 采用电阻测量法，完成检查流程图。

5. 工作台不能做纵向进给运动

应先检查横向或垂直进给是否正常，如果正常，说明进给电动机 M2 主电路、接触器 KM3、KM4 及纵向进给相关的公共支路都正常，此时应重点检查图区 19 上的行程开关 SQ5（12—15）、SQ4—2 及 SQ3—2，即线号为 12—15—16—17 的支路，因为只要三对常闭触点中有一对不能闭合或有一根线头脱落就会使纵向不能进给。然后再检查进给变速冲动是否正常，如果也正常，则故障的范围已缩小到 SQ5（12—15）及 SQ1—1、SQ2—1，但一般 SQ1—1、SQ2—1 两副常开触点同时发生故障的可能性很小，而 SQ5（12—15）由于进给变速时，常因用力过猛而容易损坏，所以可先检查 SQ5（12—15）触点，直至找到故障点并予以排除。

实训 2　T68 型卧式镗床故障检修

实训名称	T68 型卧式镗床故障检修
实训内容	通过对 T68 型卧式镗床的电路进行识读理解，小组分析电路中设置的故障，并能够使用实训考核装置对故障进行检查和排除，最终实现对 T68 型卧式镗床的典型故障的分析及排除
实训目标	1. 熟悉 T68 型卧式镗床的控制电路图； 2. 掌握 T68 型卧式镗床的典型故障分析及排除方法

续表

实训名称	T68型卧式镗床故障检修
实训课时	4课时
实训地点	机电设备维护维修考核实训室

练习题

1. 填空题

（1）X62W万能铣床的主要结构包括_____、_____、_____、_____、_____、_____、_____、_____。

（2）X62W万能铣床的运动形式有_____、_____、_____。

（3）按下停止按钮主轴电动机不停产生故障的原因有_____、_____。

2. 简答题

（1）简述X62W万能铣床主电路的分析。

（2）画出X62W万能铣床主轴电动机控制电路图。

（3）简述工作台不能进给的故障分析。

任务完成报告

姓名		学习日期	
任务名称	X62W 万能铣床故障检修		
学习自评	考核内容	完成情况	
	1.X62W 万能铣床的主要结构及运动形式	□好　□良好　□一般　□差	
	2.X62W 万能铣床控制电路分析	□好　□良好　□一般　□差	
	3.X62W 万能铣床典型故障分析	□好　□良好　□一般　□差	
学习心得			

项目4 PLC控制系统电路维修

PLC技术在电气自动化控制过程中发挥着重要作用，在其工作应用过程中，PLC技术能够实现整个系统的高效、稳定运行，但是PLC控制系统不可避免地会发生故障，所以掌握PLC控制系统的维护及维修，保障PLC控制系统的正常运行尤为重要。

本项目的最终目标是：熟悉PLC物料提升机构电气图纸的识读，根据电气图纸完成PLC物料提升机构故障的排除，使之正常运行。

根据项目最终目标，本项目主要分为2个任务：

任务1 PLC维护。通过讲解PLC维护的意义及重要性、PLC的日常维护方法、PLC的周期性维护方法，使学生掌握PLC的日常及周期性维护的方法，了解PLC维护的重要性。

任务2 PLC典型故障排除。主要讲解PLC输入输出电路故障的分析及排除、PLC硬件故障的分析及排除、PLC软件故障的分析及排除，使学生了解PLC输入输出电路故障的排除方法，以及PLC硬件和软件故障的排除方法。

任务 1　PLC 维护

PLC 是智能装备控制的核心，为了保证工业生产高效、安全运行、延长 PLC 的使用寿命，需要对 PLC 进行维护。本任务对 PLC 的两种维护方式：日常维护、定期维护进行讲解。其中，重点内容为掌握 PLC 的两种维护方式的操作，难点内容为理解 PLC 维护的重要性。

本任务的最终目标是：完成 PLC 物料提升机构中 PLC 的日常维护。

知识目标：
①掌握 PLC 日常维护的方法；
②掌握 PLC 周期性维护的方法；
③了解 PLC 维护的作用及重要性。

能力目标：
①能够对 PLC 进行日常维护；
②能够对 PLC 进行周期性维护。
③能够养成维护设备的习惯。

学习内容：

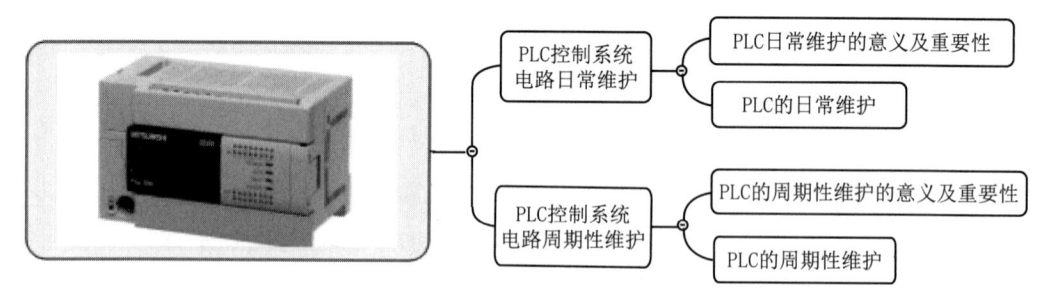

```
                    ┌── PLC控制系统 ──┬── PLC日常维护的意义及重要性
                    │   电路日常维护  └── PLC的日常维护
                    │
                    └── PLC控制系统 ──┬── PLC的周期性维护的意义及重要性
                        电路周期性维护 └── PLC的周期性维护
```

一、PLC控制系统电路日常维护

1. PLC 日常维护的意义及重要性

PLC 在工业生产中是电气控制柜的"大脑"，对 PLC 的日常维护一般与电气控制柜的日常维护一起进行。PLC 的日常维护工作具有重要意义。

2. PLC 的日常维护

PLC 是一种工业控制设备，尽管在可靠性方面采取了许多措施，但工作环境对 PLC 的影响还是很大的。所以，应对 PLC 做日常检查。如果 PLC 的工作条件不符合规定的标准，就要做一些应急处理，以使 PLC 工作在规定的标准环境中。PLC 日常维护与检查的要求如下所述。

（1）供电电压

供电电压直接影响 PLC 的可靠性和使用寿命。供电电压必须在额定电压的 85%~110%。电压应稳定，电压波动大不仅会引入谐波干扰，也会影响电子模块的寿命。供电电压故障是相对故障较高的部分。对于正常运行经常出现程序执行错误的系统,要重点检查供电模块,提高供电质量。

(2)运行环境

应在环境条件允许的范围内运行,温度为0~60℃。温度过高会缩短元件的寿命,使用故障率增加,尤其是CPU会因电子迁移降低工作效率。

在控制室集中安装时,机柜应加装散热风扇。控制室应安装空调,夏季温度保持在(26±2)℃,冬季保持在(20±2)℃。温度变化每小时不超过5℃,相对湿度在55%~95%,湿度较大的季节可以利用空调来除湿。湿度大容易通过模块表面侵入内部引起模块性能恶化,使内部绝缘能力降低造成短路损坏。振动频率为10~50Hz,振幅小于0.5mm。

(3)日常维护检查内容

①检查PLC安装固定螺钉是否松动,基本单元和扩展单元要安装牢固,基本单元与扩展单元的连接完好,接线不能松动,外部接线不能损坏。

②检查控制柜内置风扇是否运行,PLC及其他电气元件是否有灰尘,保持控制柜清洁。

③检查控制柜显示器上的各个参数是否正常。

④经常检查电源指示灯是否正常显示。

PLC电气控制柜日常维护表如4-1-1所示。

表4-1-1 PLC电气控制柜日常维护表

序号	设备名称	维护内容	维护标准	数据记录
1	厂用照明电路控制柜	PLC供电电压	供电电压范围:AC 220V±10%	V
2	控制柜内温度		PLC工作温度:0~55℃	℃
3	PLC运行指示灯		运行指示灯"RUN"亮	亮/熄灭
4	控制柜内清洁		控制柜内是否有灰尘 PLC及其他元器件是否落灰严重	是/否
5	冷却风扇		冷却风扇是否运行,柜内是否有焦糊味	是/否 有味/无味
6	电气元器件、导线连接		导线是否完整,是否有断线现象 电气元器件指示灯是否正常	断线/正常 是/否
巡检时间		年 月 日	巡检人	

分组讨论:

设计一个PLC实训室内的PLC设备日常维护表,维护项目尽可能详细。

二、PLC控制系统电路周期性维护

1. PLC的周期性维护的意义及重要性

通常情况下PLC的周期性维护内容，是根据PLC日常维护的结果进行规划。在正常情况下，电气控制设备大部分故障都是由于零部件轻微的老旧和热衰老的逐渐发展而形成的。如果能在零件磨损或劣化的早期就发现故障征兆并加以更换，就可以防止劣化的发展和故障的发生。设备维护检查是发现早期征兆，能事先察觉隐患的一种极为有效的手段。

在日常运行中，通过对设备的日常维护，可以掌握零部件的磨损及劣化情况及整机的技术状态，并针对发现的问题提出维修方案和改进措施，避免因故障发生而使用户无法正常使用的问题出现。

2. PLC的周期性维护

（1）检修前准备、检修规程

①检修前准备好工具。

②为保障元器件的功能不出故障及模板不损坏，必须使用保护装置并认真做好防静电准备工作。

③检修前与调度和操作人员联系好，需挂检修牌处应挂好检修牌。

（2）PLC周期性维护的内容及要求

PLC的主要构成元器件是半导体器件，考虑到环境的影响，随着使用时间的增长，元器件总是要老化的。因此，定期检修与做好日常维护是非常必要的。

要有一支具有一定技术水平、熟悉设备情况、掌握设备工作原理的检修队伍，做好对设备的日常维修。对检修工作应制定明确的制度，按期执行，保证设备运行状况最优。每台PLC都有确定的检修时间，一般以每6个月至1年检修1次为宜。当外部环境条件较差时，可以根据实际情况缩短检修间隔。

周期性维护的内容及要求参见表4-1-2。

表4-1-2　PLC周期性维护的内容及要求

序号	维护项目	维护内容	判断标准
1	供电电源	在电源端子处测量电压波动范围是否在标准范围内	电压波动范围：85%~110%供电电压
2	外部环境	环境温度	0~55℃
		环境湿度	35%~85%RH，不结露
		积尘情况	不积尘
3	输入输出电源	在输入/输出端子处测量电压变化是否在标准范围内	以各输入/输出规格为准

续表

序号	维护项目	维护内容	判断标准
4	安装状态	各单元是否可靠固定	以各输入/输出规格为准
		电缆的连接器是否完全插紧	无松动
		外部配件的螺钉是否松动	无异常
5	寿命元件	电池、继电器、储存器	以各元器件规格为准

（3）PLC 设备拆装顺序及方法

①停机检修，必须两个人以上监护操作。

②把 PLC 的运行开关从"运行"扳到"停止"位置。

③关闭 PLC 供电的总电源，然后关闭其他给模板供电的电源。

④把与电源架相连的电源线记清线号及连接位置后拆下，然后拆下电源机架与机柜相连的螺钉，就可拆下电源机架。

⑤安装时以相反顺序进行。

（4）检修工艺及技术要求

①测量电压时，要使用数字电压表或精度为 1% 的万用表。

② PLC 只能在主电源切断时取下。

③在扩充模块从 PLC 取下或插入 PLC 之前，要断开电源，这样才能保证数据不混乱。

④在取下扩充模块之前，检查模块电池是否正常工作，如果在电池故障灯亮时取下模块扩充，数据内容将丢失。

⑤输入/输出板取下前也应先关掉总电源。

⑥拔插模板时，要格外小心，轻拿轻放，并远离产生静电的物品。

⑦检修后模板安装一定要安插到位。

> **分组讨论**:
>
> 设计一个PLC实训室内的PLC设备周期性维护表，维护项目尽可能详细。

练习题

1. 判断题

（1）供电电压必须在额定电压的 95%~105%。　　　　　　　　　　　　　　（　　）

（2）PLC 工作的温度为 0~55℃。　　　　　　　　　　　　　　　　　　　（　　）

（3）PLC 运行时指示灯在"STOP"状态。　　　　　　　　　　　　　　　　（　　）

（4）PLC 可以在电源未断的时取下。　　　　　　　　　　　　　　　　　　（　　）

2. 简答题

(1) 简述 PLC 日常维护检查的内容。

(2) 简述 PLC 设备拆装顺序及方法。

任务完成报告

姓名		学习日期	
任务名称	PLC 维护		
学习自评	考核内容		完成情况
	1.PLC 日常维护方法		□好　□良好　□一般　□差
	2.PLC 周期性维护方法		□好　□良好　□一般　□差
	3.PLC 维护的意义		□好　□良好　□一般　□差
学习心得			

任务2　PLC 典型故障排除

除了对 PLC 进行维护以外，学生还需要掌握一些排除 PLC 故障的方法，能够分析并排除 PLC 的典型故障。本任务主要讲解的 PLC 典型故障包括：PLC 输入输出电路故障、PLC 硬件和软件故障。其中，重点内容为 PLC 典型故障的排除，难点内容为对 PLC 典型故障的分析。

本任务的最终目标是：根据故障现象和 PLC 物料提升机构的电气图纸，完成 PLC 物料提升机构故障的排除。

知识目标：
①掌握 PLC 输入输出电路故障的排除方法；
②了解 PLC 硬件、软件故障的排除方法。

能力目标：
①能够对 PLC 的输入输出电路故障进行排除；
②熟悉 PLC 的硬件、软件故障的排除方法。

学习内容：

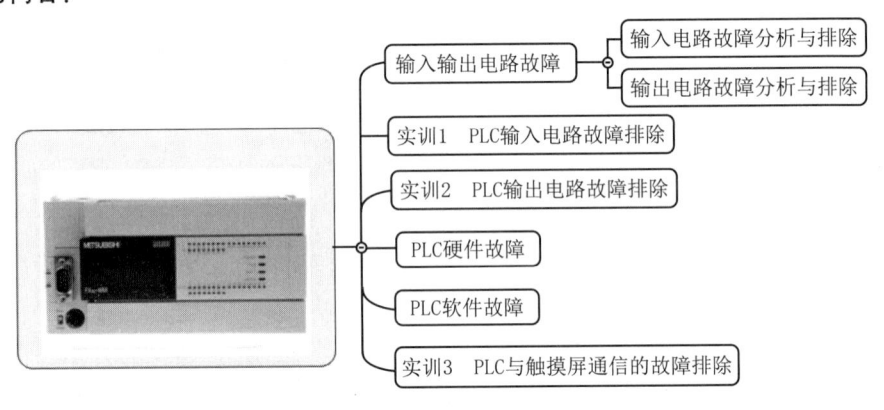

- 输入输出电路故障
  - 输入电路故障分析与排除
  - 输出电路故障分析与排除
- 实训1　PLC 输入电路故障排除
- 实训2　PLC 输出电路故障排除
- PLC 硬件故障
- PLC 软件故障
- 实训3　PLC 与触摸屏通信的故障排除

一、输入输出电路故障

1. 输入电路故障分析与排除

分析 PLC 控制系统故障的过程，实际上是分析电路结构与电路原理的过程。PLC 是一种由 CPU 存储器、输入模块、输出模块、电源和框架等单元组成的自动控制装置，在硬件或工作原理上都与常规的电气控制系统有着本质的不同。掌握 PLC 系统的结构和工作原理，对于诊断 PLC 输入输出故障是十分重要的。

一个最小 PLC 控制系统原理结构如图 4-2-1 所示，它由一个 PLC 基本单元和外部设备组成。外部设备包括按钮、行程开关、限位开关等输入设备和接触器指示灯、电磁阀等输出设备。输入设备分别连接到 PLC 的输入端子 X0、X1 上，输出设备则与输出端子 Y0、Y1 相连。

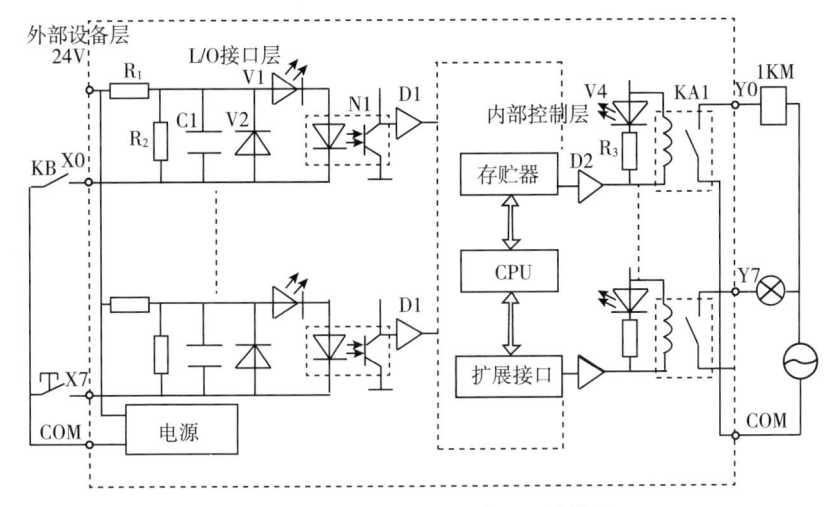

图 4-2-1 PLC 控制系统原理结构图

以图 4-2-1 中 X0 端子所接输入回路为例来说明输入电路工作原理。当触点 KB 闭合时，电流流过光电耦合器 N1 初级的发光二极管，使光电耦合器次级有信号输出，经内部电路处理后，PLC 在对输入信号进行集中采样时就可接收到 X0 端子上的这一输入信号。当触点 KB 闭合时，也使安装在 PLC 面板上的 LED 指示灯 V1 发光，作为 X0 端子输入电路接通的指示。

利用 PLC 的输入、输出 LED 指示灯判断故障部位是一种快速有效的方法。输入回路或输出回路接通时，PLC 面板上对应的输入 LED 指示灯就会同步点亮，根据 LED 指示灯的亮灭状态，可以方便地判断故障是发生在外部设备层还是输入输出接口层。

以图 4-2-1 所示控制系统为例，讨论 PLC 输入输出故障的分析方法。图中 KB 是水箱水位传感器触点，水箱水位低于下限时，常开触点 KB 闭合，水泵电动机应立即启动运行，往水箱抽水。但是现在系统发生故障，水泵电动机应该运转而未运转。下面根据前面讨论的方法来判断故障的位置。

首先观察对应 X0 端子输入的 LED 指示灯 V1 是否亮，如果 V1 不亮，说明输入信号还未在输入接口电路层形成，PLC 就不可能有控制输出使水泵电动机运转。但是故障可能发生在外部电路层，也可能发生在输入接口层。这时，可采用模拟输入端动作的方法做进一步检查，用导线短接 X0 和 COM 两个端子，如果 LED 指示灯 V1 马上亮，说明 PLC 内部正常，故障在外部的输入设备或外部电路中。故障可能的原因有：

①输入模块端子上外部接线接触不良或脱落；
②输入模块 COM 端子上外部接线接触不良或脱落；
③信号设备与 PLC 间的连线松动；
④信号设备如按钮、行程开关触点因为积尘、锈蚀等原因导致接触不良或损坏；
⑤接触器、继电器等辅助触点输入时触点粘连或这些器件本身出现质量问题。

PLC 输出电路常见故障如表 4-2-1 所示。

表 4-2-1　PLC 输入电路故障分析表

故障种类	故障现象	故障原因	故障排除方法
输入故障	输入模块点损坏	过电压，特别是高压串入	消除过电压和串入高压
		输入全部不接通，未加外部输入电源	接通电源
		外部输入电压过低	加额定电源电压
		端子螺丝松动	将螺钉拧紧
		端子板链接器不良	将端子板锁紧或更换
	输入全部断电	输入回路不良	更换模块
		特定编号输入不接通，输入元器件不良	更换
		输入配线断线	检查输入配线，排除故障
		端子接线螺钉松动	拧紧
		端子板连接器接触不良	将端子板锁紧或更换
	输入信号接通时间过短	调整输入器件，输入回路不良	更换模块
		OUT 指令用了该输入号	修改程序
		特定编号输入不关断，输入回路不良	更换模块
	输入不规则地通、断	外部输入电压过低	使输入电压在额定范围内
		噪声引起误动作	采取抗干扰措施
		端子螺钉松动	将螺钉拧紧
		端子板连接器接触不良	将端子板锁紧或更换
	异常输入点编号连续	输入模块公共端螺钉松动	将螺钉拧紧
		端子板连接器接触不良	将端子板锁紧或更换
	输入动作指示灯不亮	指示灯坏	更换

实训 1 PLC 输入电路故障排除

实训名称	PLC 输入电路故障排除
实训内容	通过对 PLC 输入电路的故障分析及排除，小组讨论分析 PLC 输入电路的故障原因，并能对故障进行排除，最终掌握对 PLC 输入电路故障的排除方法
实训目标	1. 掌握 PLC 输入电路故障排除的方法； 2. 理解 PLC 输入电路故障产生的原因
实训课时	4 课时
实训地点	电气设备装调实训室

2. 输出电路故障分析与排除

如输入正常动作，则观察输出 LED 指示灯 V4。如果 V4 不亮，说明故障点可能在输出接口层，检查对应输出回路的元件是否损坏。如果所有输出指示灯全部不亮，则可能的原因有内部电源故障，输出模块损坏。如经过检查不是上述原因，则故障发生在内部控制层而造成 PLC 无输出信号。如因为外部干扰、电源异常等原因造成 PLC 不能正常运行程序，PLC 采取了保护动作封锁了输出等软件故障，只要观察 PLC 的故障指示灯状态就可判断。否则就是 PLC 内部控制器部分硬件发生了故障。如 V4 亮，说明控制信号已经输出到模块，这时还需检查 PLC 内部的输出继电器是否发生故障，可用万用表测量输出继电器 KA 的触点是否闭合良好。如继电器也工作正常，则可以确定故障发生在外部设备层。外部设备电路部分可能的故障原因有：

①输出模块连接端子接触不良、连线脱落或断线等；
②输出的 COM 端子接触不良、连线脱落或断线等；
③输出熔断器熔断；
④输出电源故障；
⑤执行元件如接触器、继电器等器件损坏以及其他可能的原因。

对于上述故障，只需采用传统的继电接触控制电路的检修方法进行检修就可以。
PLC 输出电路常见故障分析表如表 4-2-2 所示。

表 4-2-2　PLC 输出电路故障分析表

故障种类	故障现象	故障原因	故障排除方法
输出故障	输出模块单点损坏	过电压，特别是高压串入	消除过电压和串入高压
		输出全部不接通，未加负载电源	接通电源
		负载电源电压过低	加额定电源电压
		端子螺丝松动	将螺钉拧紧
		端子板连接器接触不良	将端子板拧紧或更换
		熔断器熔断	更换
		I/O 总线插座接触不良	更换
		输出回路不良	更换
	输出全部不关断	输出回路不良	更换模块
	输出不接通	输出接通时间短	更换
		程序中的继电器号重复	修改程序
		输出器件不良	更换
		输出配线断线	检查输出配线，排除故障
		端子螺钉松动	拧紧
		端子板连接器接触不良	将端子板锁紧或更换
		输出继电器不良	更换
		输出回路不良	更换
	特定编号输出不接通	程序中输出指令的继电器号重复	修改程序
		输出继电器不良	更换模块
		漏电流或残余电源使其不能关断	更换负载或加假负载
		输出回路不良	更换

续表

故障种类	故障现象	故障原因	故障排除方法
输出故障	输出不规则地通、断	外部输入电压过低	使输出电压在额定范围内
		噪声引起误动作	采取抗干扰措施
		端子螺钉松动	端子螺钉拧紧
		端子板连接器接触不良	将端子板锁紧或更换
	异常输出点编号连续	输出模块公共端螺钉松动	将螺钉拧紧
		端子板连接器接触不良	将端子板锁紧或更换
		熔断器损坏	更换
	输出动作指示灯不亮	指示灯坏	更换

实训 2　PLC 输出电路故障排除

实训名称	PLC 输入电路故障排除
实训内容	通过对 PLC 输出电路的故障分析及排除，小组讨论分析 PLC 输出电路的故障原因，并能对故障进行排除，最终掌握 PLC 输出电路故障的排除方法
实训目标	1. 掌握 PLC 输出电路故障排除的方法； 2. 了解 PLC 输出电路故障产生的原因
实训课时	4 课时
实训地点	电气设备装调实训室

二、PLC硬件故障

PLC 的硬件故障应具有持续性和再现性的特点。因此，通断几次电源或执行几次复位操作后，故障现象仍然相同，可用备件替换来判断是不是硬件的故障。故障不再出现，说明不是硬件问题，可能是瞬时供电波动或电磁干扰所致。

PLC 硬件故障大多是电子元件质量不稳定或现场环境恶劣引发的，如电子元器件损坏使 PLC 不能正常工作，外部电压过高使电子元件损坏等；PLC 系统最容易出现故障的部件是电源部件和 I/O 模块，电源部件出现故障会使 PLC 停止工作，检查电源应从外部电源开始，然后检查主机电源、扩展单元电源、传感器电源、执行器电源。电源有故障最明显的就是电源指示灯不亮，先检查电源是否已连接，用万用表测量电源端是否有电压，电压是否正常，观察电源端接线是否有松动，必要时应紧固螺钉，如果测量有电压但 PLC 的电源指示灯仍不亮，只能更换电源单元。

PLC 常见硬件故障如表 4-2-3 所示。

表 4-2-3　PLC 硬件故障分析表

故障种类	故障现象	故障原因	故障排除方法
硬件故障	不能启动	供电电压超过上限	降压
		供电电压低于下限	升压
		内存自检系统出错	清内存，初始化 PLC
		内存板故障	更换 PLC
	工作不稳定、频繁停机	工作电压接近上、下限	调整电压
		扩展模块接触不良	清理、重插
		PLC 内部元器件松动	清理、戴手套按压松动元器件
		PLC 内部器件故障	更换

三、PLC软件故障

PLC 大多有自诊断功能，出现模块功能错误时往往会报警，有的还能按预定程序做出反应，可通过观察 PLC 显示内容：观察电源、RUN、输入输出模块指示灯等显示来判断。电源正常，各指示灯也指示正常，如果输入信号正常，但系统功能不正常，如无输出或程序动作出现混乱，可按先易后难、先软后硬的原则，先检查应用程序是否出现问题，可采用程序逻辑推断法进行检查，先阅读梯形图大概了解设备工艺或操作过程，然后根据输入输出逻辑功能表，再采用反向检查法，从故障点查到 PLC 的对应输出继电器，反查满足其动作的逻辑关系。经验表明，查到有问题处，基本就可以排除故障，因为设备同时有两个或两个以上的故障点一般是不常见的。

PLC 程序不能写入这个故障的原因及排除方法如表 4-2-4 所示。

表 4-2-4　PLC 软件故障分析表

故障现象	故障原因	故障排除方法
程序不能写入	PLC 未拨到"STOP"状态	将 PLC 拨到"STOP"状态再写入
	PLC 内部故障	更换
	新建程序类型与 PLC 类型不符合	更改程序类型
	编程软件与 PLC 不配套	下载配套软件

实训 3　PLC 与触摸屏通信的故障排除

实训名称	PLC 与触摸屏通信的故障排除
实训内容	通过对 PLC 与触摸屏通信的故障排除学习，小组讨论分析 PLC 与触摸屏通信的故障原因，并能对故障进行排除，最终掌握对 PLC 与触摸屏通信的故障排除方法
实训目标	1. 掌握 PLC 与触摸屏通信故障排除的方法； 2. 了解 PLC 与触摸屏通信故障产生的原因
实训课时	2 课时
实训地点	电气设备装调实训室

练习题

1. 判断题

（1）检查后发现输入电路故障，不规则地通、断，该故障产生的原因可能是外部输入电压过低。（　　）

（2）输出电路故障，输出全部不关断的故障原因可能是负载电压过低。（　　）

（3）当 PLC 与编程器或微机不通信时，故障原因可能是 PLC 通信线断裂。（　　）

（4）PLC 程序不能写入时，故障原因可能是 PLC 未拨到"STOP"状态。（　　）

2. 选择题

（1）输出电路不规则地通、断，故障原因不可能是（　　）。

A. 外部输入电压过低　　　B. 噪声引起误动作

C. 端子螺钉松动　　　　　D. OUT 指令用了该输入号

（2）PLC 不能启动，故障原因不可能是（　　）。

A. 供电电压超过上限　　　B. 供电电压低于下限

C. 内存板故障　　　　　　D. 通信口参数未设置

（3）输入电路异常输入点编号连续，故障原因可能是（　　）。
A. 端子板连接器接触不良　　　　B. 输入配线断线
C. 输入电压过低　　　　　　　　D. 指示灯坏

3. 简答题

（1）简述输入全部断电的故障原因和排除方法。

（2）简述输出不接通的故障原因和排除方法。

（3）简述 PLC 不能启动的故障原因和排除方法。

任务完成报告

姓名		学习日期		
任务名称	PLC 典型故障排除			
学习自评	考核内容	完成情况		
	1.PLC 输入输出电路故障排除	□好　□良好　□一般　□差		
	2.PLC 硬件故障排除	□好　□良好　□一般　□差		
	3.PLC 软件故障排除	□好　□良好　□一般　□差		
学习心得				